泰安市水资源状况分析研究

主　编◎张春霞　岳　超　姚　萌
副主编◎尚艳丽　张　芹　张升第　张　荣

河海大学出版社
HOHAI UNIVERSITY PRESS
·南京·

图书在版编目(CIP)数据

泰安市水资源状况分析研究 / 张春霞，岳超，姚萌主编；尚艳丽等副主编. -- 南京：河海大学出版社，2022.7

ISBN 978-7-5630-7603-1

Ⅰ. ①泰… Ⅱ. ①张… ②岳… ③姚… ④尚… Ⅲ. ①水资源管理—研究—泰安 Ⅳ. ①TV213.4

中国版本图书馆 CIP 数据核字(2022)第 124916 号

书　　名 泰安市水资源状况分析研究
书　　号 ISBN 978-7-5630-7603-1
责任编辑 谢业保
特约编辑 陈　进
特约校对 李纳纳
封面设计 徐娟娟
出版发行 河海大学出版社
地　　址 南京市西康路 1 号(邮编:210098)
网　　址 http://www.hhup.com
电　　话 (025)83737852(总编室)
(025)83722833(营销部)
经　　销 江苏省新华发行集团有限公司
排　　版 南京布克文化发展有限公司
印　　刷 广东虎彩云印刷有限公司
开　　本 787 毫米×1092 毫米　1/16
印　　张 9.25
字　　数 236 千字
版　　次 2022 年 7 月第 1 版
印　　次 2022 年 7 月第 1 次印刷
定　　价 48.00 元

目 录

1

泰安概况

1.1 自然地理

1.1.1 地理位置

泰安市位于山东省中部的泰山南麓，地理坐标在东经116°20′～117°59′，北纬35°38′～36°28′，北依山东省会济南，南临儒家文化创始人孔子故里曲阜，东连瓷都淄博，西濒黄河，辖泰山、岱岳两个市辖区，宁阳、东平两个县，代管新泰、肥城2个县级市，是一座著名的文化旅游城市，境内的泰山是国家重点风景名胜区，海拔1 545 m，为“五岳之首”，1982年泰安市被国务院列为第一批对外开放旅游城市。泰安市总面积7 762 km^2，2016年全市年末常住人口568.66万人，其中城镇人口285.74万人。

1.1.2 地形地貌

泰安市地形自东北向西南倾斜，东部为鲁中山区的一部分，山脉呈“E”型分布，向西延伸，河谷平原交错其间，中部为广阔平原，西部多低山丘陵，西南部为平原，间有洼地、湖泊。山区集中分布于市域的北部和东部，占泰安市总面积的18.3%，一般海拔在400～800 m，最高处为“五岳独尊”的泰山，其主峰玉皇顶海拔1 545 m。丘陵主要分布在新泰市西南部、宁阳县东部、岱岳区西北部、肥城盆地边缘及东平县北部，占泰安市总面积的41.4%，一般海拔高度在120～400 m。平原主要分布在山麓及河流沿岸，占泰安市总面积的36.1%，海拔在60～120 m。洼地主要分布在东平县境内的东平湖及稻屯洼，海拔37.5 m。湖泊集中在东平县境内，东平湖为山东省第二大淡水湖。

全市地貌类型有五种：一是侵蚀构造中度切割中山，分布于泰山、徂徕山一带，山体由变质岩系组成；二是侵蚀构造剥蚀和溶蚀低山，分布于各种山周围，山体多由变质岩系组成；三是侵蚀构造剥蚀和溶蚀丘陵，分布于低山周围；四是山间河谷及冲积平原，主要分布于各盆地和河流两岸；五是剥蚀堆积山前倾斜平原，主要分布在大汶河以南，宁阳西部，地面平坦微斜。

注：第三次全国水资源调查评价的水文资源系列为1956—2016年，本书的基本概况均按2016年为基准年描述。

1.1.3 土壤植被

泰安地区属于暖温带落叶阔叶林区，该区农垦历史悠久，自然植被多被农作物所替代。由于自然体系受到人工的强力干扰，功能和稳定性比较差。植被以人工植被为主，自然植被较差，物种单一，虽有小块杂草地分布，但仍不能构成完整生态系统。按土壤学分类原则，全市土壤主要有棕壤、褐土、砂姜黑土、潮土、山地草甸型土和风砂土 6 大类，14 个亚类，64 个土种；其中棕壤、褐土为地带性土壤，是全市土壤组成的主要类型，占土壤面积的 90% 左右。

1.1.4 地质结构

根据地形地貌、地层岩性、地质构造及地下水径流条件，各变质岩系中分布着浅层基岩裂隙水，风化裂隙深度 15～40 m，基底面与地面起伏大体相一致，地下水呈带状分布于山坳或谷底等洼地。在构造及地貌条件适宜时，往往形成季节性下降泉，富水性极不均匀，受季节性控制明显，地下水埋藏较浅，随季节变化年变幅 4～6 m。在地形较平缓低山沟谷及汇水条件较好、风化带略厚地层，较为富水；在切割较深，地形变化大，补给条件不好地层，则水量小。根据变质岩裂隙水成因分为风化裂隙水、构造裂隙水、成岩裂隙水 3 个含水岩组。

1.1.5 水文气象

泰安市属暖温带大陆性季风气候区，四季分明，春季干燥多风，夏季高温多雨，秋季天高气爽，冬季寒冷少有雨雪。泰安市多年平均降水量为 690.6 mm，其中 6—9 月降水量约为 528.6 mm，占年降水量的 76.5%，3—5 月降水量约为 97.7 mm，占年降水量的 14.1%，具有春旱、夏涝、晚秋又旱的特点。降水量的年际变化也比较明显，丰、枯交替出现。

泰安市年平均气温 12.9℃；7 月份平均气温最高，为 26.4℃；1 月份最低，平均气温为 −2.6℃；极端最高气温 42.5℃，极端最低气温 −22.6℃。有霜期一般为 159～179 天，初霜期一般在 10 月中旬，终霜一般在 4 月上旬。冻土冻深一般在 30 cm 左右，肥城 1968 年 1 月最大冻土深为 48 cm。风向和风力随季节变化很大，冬季多偏北风，夏季多偏南风。泰安市平均相对湿度 3 月份最小，为 57%，8 月份最大，为 80%。泰安市各代表站多年平均水面蒸发量(E601)一般在 1 000～1 220 mm 之间，东部山丘区小于西部丘陵平原区，蒸发量年际变化小，最大年水面蒸发量为最小年水面蒸发量的 1.5 倍左右。蒸发量年内变化一般较大，多数代表站以 6 月为最大蒸发月份，12 月蒸发量最小。

1.1.6 河流湖泊

泰安市河流均为雨源型山溪性河流，分属黄河、淮河两大流域，北部主要以黄河流域大汶河水系为主，南部为淮河流域泗河、梁济运河水系。

大汶河水系：大汶河发源于山东省济南市钢城区黄庄镇，迂回西流，途经山东济南钢城区、济南莱芜城区、泰安泰山区、泰安岱岳区、肥城市、宁阳县、汶上县、东平县，在东平县马口村注入东平湖，经陈山口和清河门出湖闸出东平湖，经小清河进入黄河。大汶河全长

231 km,总流域面积 8 944 km^2。大汶河流域水系复杂,支流众多,大汶河汶口坝以上为大汶河上游,是大汶河的主要集水区,分南北两大支流。北支称牟汶河,南支为柴汶河。汶口坝至戴村坝,为大汶河中游,戴村坝以下至东平湖为大汶河下游(大清河),中下游主要有漕浊河和汇河汇入。

泗河水系和梁济运河水系:泗河和梁济运河在泰安市南部沿蒙山支脉南麓和大汶河、大清河南岸,东西分布着三片,分辖于新泰市、宁阳县和东平县。

东平湖是山东省第二大淡水湖,位于大汶河下游东平县境内,上承汶河来水,南与运河相连,北有小清河与黄河相通,是黄河下游最大的滞洪区,分为老湖和新湖两部分,新湖区面积 418 km^2,老湖区面积 209 km^2,多年平均水面面积 119 km^2。稻屯洼位于东平县中部,三面环山,南靠大清河北堤,形成封闭洼地,既是东平北部山丘区河流的汇集区,又担负着大清河滞洪蓄洪任务。

1.2 社会经济

2016 年全市实现生产总值(GDP)3 316.79 亿元,按可比价格计算(下同),比上年增长 7.2%,继续保持稳定增长。第一产业实现增加值 280.93 亿元,增长 3.5%;第二产业实现增加值1 485.5亿元,增长 6.3%;第三产业实现增加值 1 550.36 亿元,增长 8.7%。三次产业结构由上年的8.53∶46.28∶45.19 调整为 8.6∶39.8∶51.6,人均生产总值 59 027 元,增长 6.6%。

泰安市工业生产平稳增长。全市规模以上工业增加值比上年增长 6.0%。其中,国有工业增长 2.0%;集体工业下降 1.3%;股份制工业增长 6.9%,外商及港澳台商投资工业增长 4.5%。

泰安市农林牧渔业生产平稳增长。2016 年,农业总产值 275.7 亿元,增长 4.2%;林业总产值 7.5 亿元,增长 2.0%;牧业总产值 190.9 亿元,增长 2.3%;渔业总产值 14.7 亿元,增长 1.3%。全市农林牧渔及农林牧渔服务业总产值 517.2 亿元,增长 4.1%。

种植结构进一步优化。农作物总播种面积 935 万亩①。粮食总产量 262.1 万吨。蔬菜播种面积 199.6 万亩,总产量 772.4 万吨,其中有机蔬菜面积达到 37.9 万亩。全年完成造林作业面积 14.1 万亩。全市森林覆盖率达到 39.56%。

农村集中式供水工程达到 3 957 处,其中"千吨万人"以上 67 处,机电井 22.6 万眼,其中规模以上 4.2 万眼。新增水土流失综合治理面积 16.7 万亩。

注:"亩"为中国传统土地面积计量单位,15 亩=1 公顷。

2

分析目标与技术路线

2.1 分析原则与依据

本次研究过程严格执行国家及相关行业规范标准，包括中华人民共和国水利部及水利部淮河水利委员会制定的全国及流域水资源分析细则和山东省水资源综合调查分析技术细则，统一技术标准，明晰工作要求，通过全面收集资料和科学分析，提出了泰安市水资源状况分析研究报告。

2.2 分析范围和内容

2.2.1 分析范围

本次水资源分析的范围为泰安市。

本次水资源分析成果汇总单元为水资源四级区套县级行政区。

2.2.2 分析内容

分析内容包括水资源数量分析、水资源质量分析、水资源开发利用状况分析、污染物入河量分析、水生态状况分析、水资源综合分析。

2.3 分析思路与技术路线

2.3.1 总体思路

广泛收集已有基础资料，充分利用历史分析、规划、普查等技术成果，结合最新的水文气象、土地利用、经济社会发展、水资源开发利用等监测和统计数据，在此基础上把已有成果系列延长到现状水平年，通过分析计算、汇总、协调、合理性检验等手段，厘清水资源数量、水资源质量、水资源开发利用，以及水环境、水生态等要素现状，分析各分析项目的内在关系，并通过系列数据摸清变化态势，从整体上把握当前水资源禀赋条件以及近几十年来水资源情势的演变。

2.3.2 技术路线

本次水资源分析主要包括基础资料收集整理，数据补充监测，资料复核、分析、检验、检查，单项分析，协调平衡与结果修正，方法与机理研究，综合分析等。各环节既相互独立，又前后联系，环节与环节之间相互影响和反馈，形成完整的技术流程。

基础数据的收集整理部分，重点把握已有数据基础，充分利用前两次分析结果和现有规划、公报等统计结果，原则上以整合历史和现有数据为主，对于现状数据不足、确应补充基础数据的，适当开展少量补充监测。

各单项分析中充分利用已有资料成果，以复核、延伸、综合分析为主，围绕核心内容开展工作。水资源数量分析注意水资源系列的还原与现状下垫面的一致性修正，以及水资源可利用量的分析确定；水资源质量方面重点集中在近几年总体水质现状和变化趋势分析；开发利用分析重点在于把握近年来供用水特点和变化态势，注意耗损量尤其是非用水消耗量的分析确定；污水及污染物分析重点在于采用科学合理的方法估算入河量，同时具有一定程度的覆盖面；水生态分析方面加强分析生态演变态势与经济社会发展用水引发的生态环境问题。

2.3.3 技术工作流程

(1) 确定分析范围、汇总单元和各单项分析的计算单元，其中单项分析是指降水量与蒸发量分析、地表水资源量分析、地下水资源量分析等。

(2) 确定本次水资源分析统一的工作底图。

(3) 确定各专项分析的分析内容、分析项目、分析期和数据系列。

(4) 确定单项分析和综合分析的分析方法、采用的参数和标准。

(5) 收集、整理、统计、汇编各分析项目的基础资料。

(6) 对各分析项目开展逐一分析并汇总分析结果。

(7) 对相互关联的分析内容进行复核、协调，修正分析结果。

(8) 将分析结果与已有分析成果进行比对，判定并调整分析结果。

(9) 开展水资源综合分析。

(10) 形成成果表格、图件和文字报告。

各单项分析在上述流程基础上适当调整以满足自身分析需求。

2.4 基本规定

除特殊说明外，本次分析所指的水资源是指通过水循环年复一年得以更新的地表水资源和地下水资源。

对于可利用的其他水源(含通过集雨工程利用的雨水、处理并再利用的污水、微咸水等)纳入供水统计范围。

3

分析分区与汇总单元

3.1 水资源分区

泰安市分属淮河区和黄河区两个水资源一级区，沂沭泗河区和花园口以下区两个水资源二级区，湖东区和大汶河区、花园口以下干流区间三个水资源三级区。在三级分区的基础上，按照地形地貌、水文地质、水文气象特征等条件划分了四个水资源四级区，即汶宁区、邹泗区、大汶河区、黄河干流区。

详见表 3.1、图 3-1。

表 3.1　泰安市水资源分区一览表

水资源一级区	水资源二级区	水资源三级区	水资源四级区	四级区面积(km^2)
淮河区	沂沭泗河区	湖东区	汶宁区	792
			邹泗区	311
黄河区	花园口以下区	大汶河区	大汶河区	6 563
		花园口以下干流区间	黄河干流区	96

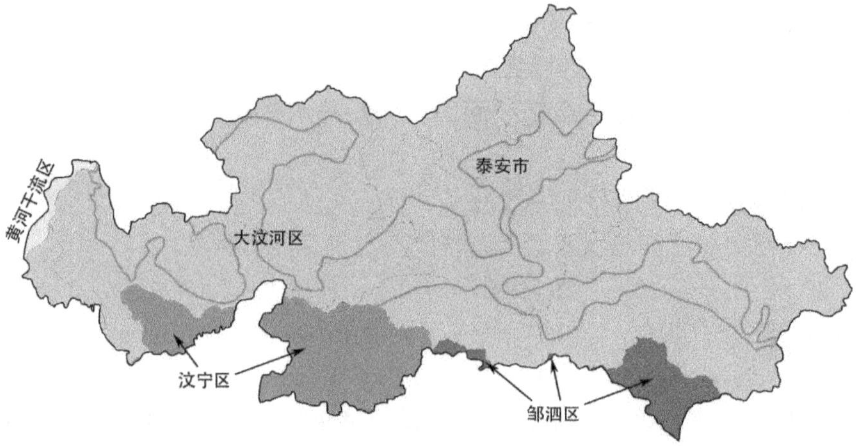

图 3-1　泰安市水资源四级区分布示意图

3.2 行政分区

根据《山东省水资源分析技术细则》，本次分析按照省、市、县三级分区进行，统一采用截至 2016 年 12 月 31 日的山东省最新行政区划及相应编码，详见表 3.2。泰安市及各县市区面积仍沿用第二次水资源分析成果，其中泰安市域面积为 7 762 km^2，各县市区面积详见表 3.2，各县区相对位置见图 3-2。

表 3.2 泰安市行政区划一览表

编码	省级	编码	地级	编码	县级	面积(km^2)
370 000	山东省	370 900	泰安市(7 762km^2)	370 902	泰山区	337
				370 911	岱岳区	1 750
				370 921	宁阳县	1 125
				370 923	东平县	1 340
				370 982	新泰市	1 933
				370 983	肥城市	1 277

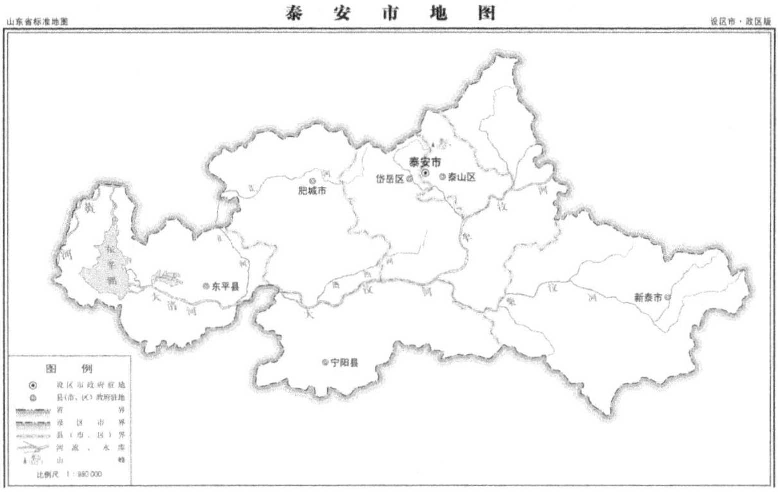

图 3-2 泰安市行政区划图

3.3 汇总单元

(1) 本次分析汇总单元为水资源四级区套县级行政区。汇总单元一览表详见表 3.3。

(2) 行政分区分析内容包括地级和县级行政区成果。

(3) 水资源分区分析内容包括四级和三级区成果。

(4) 水资源分区套行政分区成果确保了水资源分区和行政分区成果的衔接协调。

水资源四级区套县级行政区单元面积确定方法：首先基于 1∶5 万底图对水资源四级区

套县级行政区面积进行量算，然后采用统计部门公布的县级行政区面积对其内各套区面积进行修正。

表 3.3 泰安市水资源四级套县级行政区一览表

序号	水资源四级区	县级行政区	汇总单元面积
1	大汶河区	泰山区	337
2	大汶河区	岱岳区	1 750
3	大汶河区	宁阳县	465
4	大汶河区	东平县	1 079
5	大汶河区	新泰市	1 655
6	大汶河区	肥城市	1 277
7	黄河干流区	东平县	96
8	汶宁区	宁阳县	627
9	汶宁区	东平县	165
10	邹泗区	宁阳县	33
11	邹泗区	新泰市	278
合计			7 762

4

降水量与蒸发量

4.1 降水量

4.1.1 资料的选用与处理

本次选用雨量站的原则是：a. 雨量站布局尽可能均匀，且资料质量、系列长度和站网密度满足降水量分析要求；b. 对降水量梯度大的地区，选用站点适当增加密度；c. 第二次水资源分析选用站全部采用。泰安市境内共选用 32 个雨量站，平均站网密度为 243 平方千米/站。选用雨量站信息见表 4.1。

表 4.1　第三次水资源调查分析采用雨量站信息表

测站名称	所在			地址（县、乡、村）
	水资源四级区	县级行政区	河流	
纸房	大汶河区	岱岳区	大汶河	岱岳区角峪镇岳家庄
范家镇	大汶河区	岱岳区	大汶河	岱岳区范镇镇范西村
彭家峪	大汶河区	岱岳区	石汶河	岱岳区下港乡彭家峪水库
下港	大汶河区	岱岳区	石汶河	岱岳区下港乡翟家岭
黄前水库	大汶河区	岱岳区	石汶河	岱岳区黄前镇黄前水库
泰前	大汶河区	泰山区	泮汶河	泰山区凤凰岭
泰安	大汶河区	泰山区	泮汶河	泰山区泰安水文局院内
北望	大汶河区	岱岳区	大汶河	岱岳区北集坡镇泉林庄
龙廷	大汶河区	新泰市	大汶河（南支）	新泰市龙廷乡龙廷村
东周水库	大汶河区	新泰市	大汶河（南支）	新泰市沈家庄乡东周水库
金斗水库	大汶河区	新泰市	平阳河	新泰市粟行乡金斗水库
关山头	大汶河区	新泰市	光明河	新泰市岳家庄乡关山头村
光明水库	大汶河区	新泰市	光明河	新泰市小协镇光明水库
羊流店	大汶河区	新泰市	洋流河	新泰市羊流镇新泰三中
楼德	大汶河区	新泰市	大汶河（南支）	新泰市楼德镇苗庄

（续表）

测站名称	所在			地址（县、乡、村）
	水资源四级区	县级行政区	河流	
南驿	大汶河区	宁阳县	海子河	宁阳县南驿镇南驿村
大汶口	大汶河区	岱岳区	大汶河	岱岳区大汶口镇卫驾庄村
夏张	大汶河区	岱岳区	漕浊河	泰安市岱岳区夏张乡夏张村
安临	大汶河区	肥城市	小汇河	肥城市安临乡安临村
安驾庄	大汶河区	肥城市	小汇河	肥城市安驾庄镇安驾庄
道朗	大汶河区	岱岳区	汇河	泰安市岱岳区道朗乡道朗村
肥城	大汶河区	肥城市	汇河	肥城市新城镇水利站院内
石横	大汶河区	肥城市	汇河	肥城市石横镇石横村
大羊集	大汶河区	东平县	汇河	东平县大羊乡大羊集村
杨郭	大汶河区	东平县	汇河	东平县接山乡西杨郭村
戴村坝	大汶河区	东平县	大汶河	东平县彭集镇陈流泽村
二十里铺	大汶河区	东平县	大汶河	东平县老湖镇桥口村
银山	黄河干流区	东平县	黄河	东平县银山镇银山村
盘车沟	邹泗	新泰市	东汶河	新泰市盘车沟乡盘车沟
宁阳	汶宁区	宁阳县	洸府河	宁阳县水利局院内
放城	邹泗区	新泰市	洙河	新泰市放城乡放城一村
石莱	邹泗区	新泰市	黄沟河	新泰市石莱乡东石莱村

为保证成果质量，对各选用站已整编的资料进行了合理性、一致性检查，各项资料的单位和有效数字采用《水文测验规范》的规定。降水量统计值保留一位小数。

4.1.2 年降水量统计参数的分析计算

对所选雨量站进行年降水量统计参数的分析计算，多年平均年降水量一律采用算术平均法，变差系数 C_v 用矩法公式计算。偏差系数与变差系数的比值（C_s/C_v）一般采用 2.0，对采用 2.0 确实拟合不好的地区，适当调整 C_s/C_v 值。

经验频率计算公式为：$P_m=m/(n+1)$

式中：m——1，2，3，……，n；

n——系列长度。

均值计算公式：$\overline{X}=\frac{1}{n}\sum_{i=1}^{n}X_i$

式中：X_i——年降水量（$i=1,2,3,\cdots\cdots,n$）；

n——系列长度。

C_v 值计算公式：$C_v=\frac{1}{\overline{X}}\sqrt{\frac{1}{n-1}\sum_{i=1}^{n}(X_i-\overline{X})^2}$

式中符号意义同前。

4.1.3 年降水量均值等值线图

4.1.3.1 年降水量均值等值线图的绘制

根据各单站年降水量统计分析结果，绘制 1956—2016 年和 1980—2016 年同步期多年平均年降水量等值线图(参见图 4-1 和图 4-2)，以反映降水量的地区分布规律。

勾绘等值线时，从各选用雨量站中选择全部为实测雨量资料的同步期平均年降水量点据为主，不足时辅之以较短系列插补延长后的均值点据，并照顾整体走向。山区等值线的勾绘，考虑降水量随地面高程变化的相应关系，等值线应与大尺度地形分水岭走向大体一致。

年降水量等值线图的基本线值采用：600 mm、650 mm、700 mm、750 mm、800 mm。

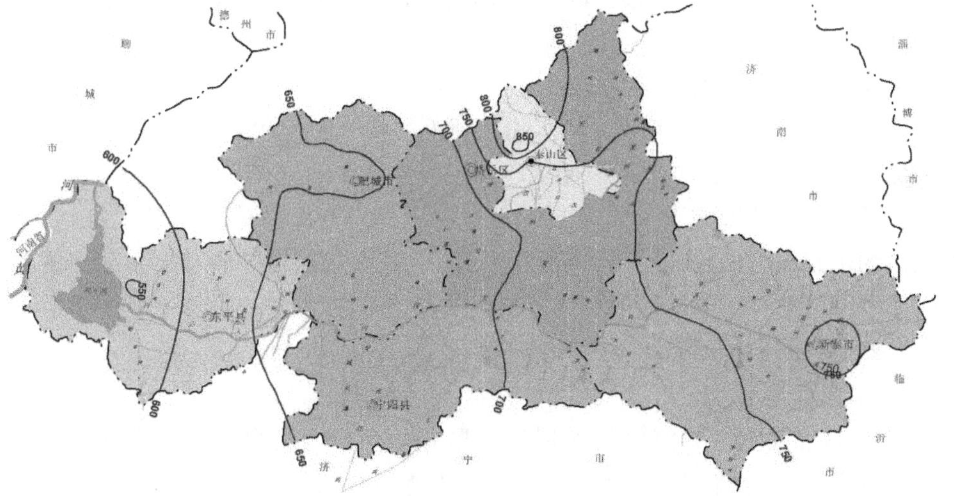

图 4-1　1956—2016 年多年平均年降水量等值线图

图 4-2　1980—2016 年多年平均年降水量等值线图

4.1.3.2　年降水量均值等值线图的合理性检查

① 检查降水量等值线图的分布与弯曲、高低值区是否符合一般规律

从等值线的地区分布来看，其走向、梯度及高低值区基本上同泰安市的地形和气候特征相吻合。

② 与邻市和以往的有关图件进行对照，检查其趋势的合理性

绘制的等值线图与邻近地区的同期多年平均降水量等值线图进行对照，对相同值的等值线进行了衔接处理。

4.1.4　降水量的时空分布特征

4.1.4.1　降水量的地域分布特征

受地理位置、地形地貌、气流运动及天气系统等因素的影响，全市年降水量在地区上分布不均，主要表现为如下几个特点：

(1) 降水量自东北向西南递减

同一纬度附近各地的多年平均降水量，受海洋水汽输送和泰安市东北部多山区、西南部多为平原的影响，自东北向西南呈递减趋势。

(2) 地形对降水的影响十分明显

泰安市的东北部为山区，西南部为平原区，多年平均降水量等值线由东部山区的800 mm递减到西部平原区的 600 mm，地形对气流的阻挡和抬升作用，使山地降水量多于平原。

4.1.4.2　降水量的年际、年内变化

1. 降水量的年际变化

泰安市属温带大陆性半湿润性季风气候区，降水受季风气候影响，年际差异大，丰、枯交替发生，并有连丰、连枯，丰、枯水年变化幅度大等特征。

(1) 丰、枯水年变化幅度大

泰安市各站 1956—2016 年系列最大年降水量与最小年降水量比值在 2.5～7 之间，极值差在 720.2～1 221.7 mm 之间，极值比最大值为 6.65，出现在戴村坝站；极值差最大为 1 221.7 mm，出现在大汶口站；极值比最小值为 2.74，出现在彭家峪站；极值差最小值为 720.2 mm，出现在石横站。

(2) 连丰、连枯交替出现

丰、枯水年份划分的标准为：

丰水年　$X_i>(\overline{X}+0.33\delta)$

平水年　$(\overline{X}+0.33\delta)\geqslant X_i>(\overline{X}-0.33\delta)$

枯水年　$X_i\leqslant(\overline{X}-0.33\delta)$

式中：$\overline{X}$——多年平均年降水量，mm；

δ——年降水系列的均方差，mm；

X_i——逐年降水量，mm。

按照上述丰、平、枯水年份划分标准，对泰安市平均年降水量系列的丰水年和枯水年进行判别，计算各连丰期和连枯期的平均年降水量与多年平均年降水量系列的比值，即

$K_{丰}$、$K_{枯}$。

从降水量连丰、连枯次数统计表看出，连丰期、连枯期交替出现，最长的连丰期是 4 年，出现时间为 1961—1964 年；最长的连枯期为 4 年，出现在 1965—1968 年，$K_{枯}$值为 0.78。$K_{丰}$值的变幅为 1.12～1.35，$K_{枯}$值变幅为 0.62～0.86。从连丰期和连枯期的统计分析还可以看出，1956—1964 年为丰水期，其中丰水年有 6 年，枯水年只有 2 年；1965—2002 年为枯水期，其中丰水年只有 11 年，枯水年有 16 年；2003—2011 年为丰水期，其中丰水年有 5 年，其余均为平水年。

(3) 年降水量的变化周期分析

分析绘制泰安市平均年降水量差积曲线，即以年份为横坐标，以降水量与多年平均年降水量比值的差值累积值为纵坐标的过程线，参见图 4-3。

从降水量差积曲线可看出，年降水量在 1956—1964 年为上升段，属丰水期；1965—2002 年为下降段，属枯水期；2002—2011 年为一个升降周期。

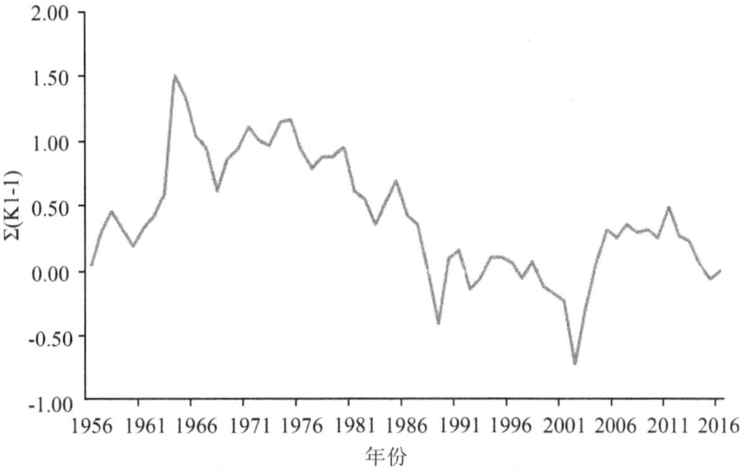

图 4-3 泰安市年降水量差积曲线图

2. 降水量年内分配

泰安市降水量年内分配很不均匀，各季节降水量相差悬殊。年内降水量主要集中在汛期 6—9 月，各站 6—9 月降水量占年降水量的比值在 69.3%～78.9%，汛期降水又主要集中在 7、8 月份。

典型年降水量月分配：

选取 1956—2016 年分月资料齐全的雨量站作为代表站，分析计算不同频率(P=20%、50%、75%、95%)典型年和多年平均年降水量月分配，即按照年降水量相近的原则，选择不同保证率下的典型年，然后计算出典型年各月降水量占年降水量的百分比。可以看出，泰安市降水量年内分配很不均匀，降水量主要集中在汛期 6—9 月，冬春季节雨水稀少，枯水年更为严重。

4.1.5 水资源分区年降水量

4.1.5.1 水资源分区降水量的计算

在各单站降水量系列基础上，采用泰森多边形法计算水资源四级区套县级行政区1956—2016年降水量系列，再根据四级区套县面雨量，采用面积加权法统计汇总水资源四级区、三级区1956—2016年降水量系列。

4.1.5.2 年降水量系列统计参数的计算

年降水量系列的均值采用算术平均值，适线时不作调整；变差系数 C_v 值采用矩法计算确定，再用适线法进行调整；偏差系数与变差系数的比值（C_s/C_v）一般采用2.0，采用2.0确实拟合不好的地区，适当调整 C_s/C_v 值。

经验频率应采用数学期望公式计算，频率曲线采用皮尔逊Ⅲ型。适线时应照顾大部分点据，主要按平、枯水年份的点据趋势定线，对系列中特大、特小值不作处理。

本次分别对泰安市水资源三级区和四级区1956—2016年、1956—2000年和1980—2016年等三个系列进行统计分析，分别计算出统计参数（均值、C_v 值）及不同保证率（P=20%、50%、75%、95%）的年降水量，成果见表4.2。

表4.2 泰安市水资源分区降水量特征值

水资源三级区	水资源四级区	计算面积（km²）	统计年限	年数	统计参数			不同频率年降水量（mm）			
					年均值（mm）	C_v	C_s/C_v	20%	50%	75%	95%
大汶河区	大汶河区	6 563	1956—2016	61	700.8	0.25	2	842.4	686.3	576.1	439.6
			1956—2000	45	698.9	0.25	2	840.1	684.4	574.5	438.4
			1980—2016	37	684.3	0.26	2	827.7	668.8	557.4	420.1
花园口以下干流区间	黄河干流区	96	1956—2016	61	593.2	0.31	2	739.7	574.4	461.1	326.4
			1956—2000	45	605.7	0.32	2	759.8	585.2	466.2	325.7
			1980—2016	37	556.1	0.30	2	689.4	539.6	436.3	312.9
湖东区	汶宁区	792	1956—2016	61	649.5	0.33	2	819.7	625.9	495.2	341.5
			1956—2000	45	641.2	0.34	2	813.9	616.8	483.8	329.3
			1980—2016	37	634	0.30	2	785.9	615.2	497.4	356.7
湖东区	邹泗区	311	1956—2016	61	727.7	0.30	2	902.2	706.1	571.0	409.4
			1956—2000	45	715	0.32	2	896.9	690.8	550.3	384.4
			1980—2016	37	715.8	0.28	2	876.7	697.1	572.3	421.2
大汶河区		6 563	1956—2016	61	700.8	0.25	2	842.4	686.3	576.1	439.6
			1956—2000	45	698.9	0.25	2	840.1	684.4	574.5	438.4
			1980—2016	37	684.3	0.26	2	827.7	668.8	557.4	420.1
花园口以下干流区间		96	1956—2016	61	593.2	0.31	2	739.7	574.4	461.1	326.4
			1956—2000	45	605.7	0.32	2	759.8	585.2	466.2	325.7
			1980—2016	37	556.1	0.30	2	689.4	539.6	436.3	312.9

(续表)

水资源三级区	水资源四级区	计算面积(km^2)	统计年限	年数	统计参数			不同频率年降水量(mm)			
					年均值(mm)	C_v	C_s/C_v	20%	50%	75%	95%
湖东区		1 103	1956—2016	61	671.6	0.30	2	832.5	651.6	526.9	377.8
			1956—2000	45	662.0	0.32	2	830.5	639.6	509.5	355.9
			1980—2016	37	657.1	0.28	2	804.8	640.0	525.3	386.6

4.1.6 行政分区降水量

各县、市、区降水量的计算方法与各分区的相同。分别计算了各县、市、区 1956—2016 年、1956—2000 年和 1980—2016 年三个系列的年降水量及其统计参数(均值、C_v 值)及不同保证率(P=20%、50%、75%、95%)的年降水量,见表 4.3。

泰安市 1980—2016 年多年平均年降水量为 678.8 mm。其中 P=20%的丰水年为 821.1 mm,P=50%的平水年为 663.5 mm,P=75%的枯水年为 553.0 mm,P=95%的特枯年为 416.9 mm。

表 4.3 泰安市行政分区降水量特征值

地级行政区	县级行政区	统计年限	年数	统计参数			不同频率年降水量(mm)			
				年均值(mm)	C_v	C_s/C_v	20%	50%	75%	95%
泰安市	泰山区	1956—2016	61	775.5	0.30	2	961.4	752.5	608.5	436.3
		1956—2000	45	771.5	0.32	2	967.8	745.3	593.8	414.8
		1980—2016	37	763.1	0.29	2	940.4	742.1	604.7	439.1
泰安市	岱岳区	1956—2016	61	732.8	0.24	2	875.2	718.7	607.8	469.3
		1956—2000	45	725.2	0.26	2	877.1	708.8	590.7	445.4
		1980—2016	37	716.1	0.26	2	866.2	699.9	583.4	439.8
泰安市	宁阳县	1956—2016	61	681.2	0.29	2	839.5	662.5	539.8	392.0
		1956—2000	45	668.4	0.30	2	828.6	648.6	524.4	376.0
		1980—2016	37	669.5	0.29	2	825.0	651.1	530.5	385.3
泰安市	东平县	1956—2016	61	615.0	0.27	2	748.5	600.3	496.3	369.6
		1956—2000	45	606.7	0.28	2	743.1	590.9	485.1	357.0
		1980—2016	37	569.7	0.25	2	684.8	557.9	468.3	357.3
泰安市	新泰市	1956—2016	61	751.1	0.26	2	908.5	734.1	611.8	461.3
		1956—2000	45	745.6	0.24	2	890.5	731.3	618.4	477.5
		1980—2016	37	738.6	0.27	2	898.9	720.8	596.0	443.8
泰安市	肥城市	1956—2016	61	654.1	0.27	2	796.0	638.3	527.8	393.0
		1956—2000	45	657.9	0.27	2	800.7	642.1	530.9	395.4
		1980—2016	37	637.9	0.28	2	781.3	621.3	510.0	375.3
泰安市		1956—2016	61	695.3	0.25	2	835.8	680.9	571.6	436.1
		1956—2000	45	692.5	0.23	2	821.7	680.4	579.6	453.0
		1980—2016	37	678.8	0.26	2	821.1	663.5	553.0	416.9

4.1.7 主要河流降水量

选定大汶河、南四湖进行了流域平均年降水量的计算，计算方法与各分区的相同。分别计算了各流域1956—2016年、1956—2000年和1980—2016年三个系列的年降水量及其统计参数（均值、C_v值）及不同保证率（P=20%、50%、75%、95%）的年降水量，见表4.4。

表4.4 泰安市各主要流域年降水量特征值对比表

主要流域	统计年限	年数	统计参数			不同频率年降水量(mm)			
			年均值(mm)	C_v	C_s/C_v	20%	50%	75%	95%
大汶河	1956—2016	61	700.8	0.25	2	842.4	686.3	576.1	439.6
	1956—2000	45	698.9	0.25	2	840.1	684.4	574.5	438.4
	1980—2016	37	684.3	0.26	2	827.7	668.8	557.4	420.1
南四湖	1956—2016	61	671.6	0.30	2	832.5	651.6	526.9	377.8
	1956—2000	45	662.0	0.32	2	830.5	639.6	509.5	355.9
	1980—2016	37	657.1	0.28	2	804.8	640.0	525.3	386.6

4.1.8 各分区年代平均降水量变化趋势

为分析各分区降水量随年代的变化规律，在各分区逐年降水量计算成果的基础上，计算各分区1950、1960、1970、1980、1990、2000、2010年代年降水量均值。计算成果见表4.5。

表4.5 泰安市水资源分区降水量年代变化统计表

降水量单位：mm

三级区	大汶河区	花园口以下干流区间	湖东区			泰安市
四级区	大汶河区	黄河干流区	汶宁区	邹泗区	合计	
计算面积(km²)	6 563	96	792	311	1 103	7 762
1956—1960	732.0	613.6	626.5	764.9	665.5	721.1
1961—1970	750.7	695.7	720.4	761.3	731.9	747.4
1971—1980	703.4	623.8	640.6	734.7	667.1	697.3
1981—1990	640.3	512.4	597.9	648.1	612.1	634.7
1991—2000	684.6	587.0	613.5	691.0	635.3	676.4
2001—2010	729.2	593.9	694.1	770.4	715.6	725.6
2011—2016	667.7	497.8	637.0	751.9	669.4	665.9
1956—2016	700.8	593.2	649.5	727.7	671.6	695.3

从表中看出，各分区不同年代年降水量均值变化具有明显的规律性。各分区1961—1970年以及2001—2010年的年降水量均值较大，比多年平均值偏大5.9%～7.1%；1981—1990年、2011—2016年的年降水量均值较小，比多年平均值偏小7.9%～16.1%。

全市平均最大降水量均值出现在2001—2010年的邹泗区，为770.4 mm，比多年平均值偏多5.9%；年代最小年降水量均值出现在2011—2016年的黄河干流区，为497.8 mm，比多年平均值偏少16.1%。

4.2 蒸发量

4.2.1 水面蒸发能力

蒸发能力是指充分供水条件下的陆面蒸发量，可近似用 E601 型蒸发器观测的水面蒸发量表示。本研究采用泰安市水文站的水面蒸发观测资料分析计算。

4.2.1.1 资料的选用

选择泰安市有水面蒸发量观测的黄前水库、东周水库、大汶口、戴村坝共 4 个水文站的资料，采用 1980—2016 年资料系列，由于各站水面蒸发量观测使用的观测仪器不同，需要统一换算成 E 601型蒸发器的数值。选用蒸发站监测信息见表 4.6。

表 4.6 泰安市选用蒸发站情况统计表

站名	站类	E601 蒸发量(1980—2016 年)(mm)
黄前水库	水文	742.4
东周水库	水文	976.1
大汶口	水文	909.6
戴村坝	水文	871.6

4.2.1.2 折算系数的确定

泰安市水面蒸发量观测的仪器有 E601、Φ20 型蒸发器，需采用折算系数统一换算为 E601型蒸发器的蒸发量。折算系数采用第二次分析成果。

对 1、2、12 月份 20 cm 口径蒸发皿观测的蒸发资料换算成 E601 资料系列，其折算系数分别为 0.64、0.58、0.65。

4.2.2 多年平均水面蒸发量

单站水面蒸发量的计算，根据求得的折算系数，将各选用站观测的蒸发量数值统一换算成 E601 型蒸发器蒸发量，求得各站水面蒸发量系列，选取具有 1980—2000 年系列资料的蒸发站用算术平均法求出各站多年平均年蒸发量，计算成果见表 4.7。

表 4.7 泰安市水面蒸发量表

站名	蒸发量(1980—2000)(mm)
黄前水库	762.2
东周水库	941.8
大汶口	920.7
戴村坝	844.1

4.2.3 水面蒸发量的变化趋势

泰安市多年平均水面蒸发量的变化范围为 762.2～941.8 mm，地域分布上自东向西递增，且变化不大，北部山区蒸发量相对较小。东部的东周水库站1980—2000年多年平均年水面蒸发量最大，为941.8 mm；北部山区的黄前水库站最小，为762.2 mm。

4.2.4 干旱指数

干旱指数是反映气候干湿程度的指标，用年水面蒸发量与年降水量的比值表示。年水面蒸发能力按E 601型蒸发器测得的水面蒸发量测定，即多年平均干旱指数为多年平均E601年水面蒸发量与多年平均年降水量之比。当干旱指数小于1.0时，降水量大于蒸发量，表明该地区气候湿润；反之，当干旱指数大于1.0时，蒸发量超过降水量，表明该地区偏于干旱。干旱指数愈大，干旱程度愈严重。我国气候干湿分带与干旱指数的关系如下：

气候分带	干旱指数
十分湿润	<0.5
湿　润	0.5～1.0
半湿润	1.0～3.0
半干旱	3.0～7.0
干　旱	>7.0

选用各站1980—2016年同步期的多年平均降水量和蒸发量计算干旱指数，其成果见表4.8。泰安市多年平均干旱指数在1.08～1.53之间，属于半湿润气候带。其地域分布为北部干旱指数小于南部，北部气候较南部更为湿润。

表4.8　泰安市蒸发站气候分带及干旱指数表

县市区	干旱指数	气候分带
泰山区	1.08	半湿润
岱岳区	1.27	半湿润
宁阳县	1.36	半湿润
东平县	1.53	半湿润
新泰市	1.32	半湿润
肥城市	1.43	半湿润

泰山区蒸发量代表站为黄前水库站和大汶口站均值，肥城市、宁阳县蒸发量代表站为大汶口站。

5

地表水资源量

地表水资源量是指河流、湖泊等地表水体中由当地降水形成的、可以逐年更新的动态水量，用天然河川径流量表示。影响河川径流形成的主要因素是气候和下垫面。气候因素包括降水、蒸发等；下垫面因素包括流域面积的大小及地形、地质、土壤、植被、湖泊等。此外，人类活动对河川径流也有很大影响。由于大量修建蓄、引、提水利工程，发展农业灌溉，对河川径流进行了调节和利用，所以控制断面实测的径流量已不能代表天然河川径流量。为保持河川径流系列的一致性，本次分析通过对实测径流的还原计算和天然径流系列一致性分析处理，消除人类活动对河川径流的影响，求得反映近期下垫面条件下的天然河川径流量。

5.1 水文站的选用及基本资料情况

本次分析选用观测资料符合规范规定，且观测资料系列较长的水文站，包括符合流量测验精度规范的国家基本水文站、专用水文站和委托站。

本次分析选取黄前、光明、东周 3 个水库站，北望、大汶口、楼德、戴村坝 4 个区间河道站，计算分区地表水资源量。

各选用站实测径流资料均按照国家水文测验规范测验，按照水文资料整编规范整编成水文资料成果，资料成果可靠。

5.2 单站径流还原计算

此次还原计算采用全面收集资料和典型调查分析相结合的方法，按照分析要求逐年逐月进行，分河系自上而下、按测站控制断面分段进行，然后逐级累计成全流域的还原水量。对于资料缺乏地区，按照用水的不同发展阶段选择丰、平、枯典型年份，调查年用水耗损量及年内分配情况，推求其他年份的还原水量。

选用水文站还原计算的基础上，对其同步期逐年天然河川径流量进行系列一致性分析。通过对选用水文站的降水—径流关系分析，检查 1956—2016 年天然年河川径流系列的一致性，在此基础上确定需要进行系列修正的水文站。

(1) 对第二次山东省水资源分析已经还原计算的单站径流系列，一律不作重新还原计算。但是由于人类活动较大程度地改变了流域下垫面条件，导致产汇流条件发生了变化，若发现在同量级降水条件下2000年以后点据明显偏离2000年以前点据时，则表明下垫面变化对径流影响较大，应对原1956—2000年天然年河川径流系列进行一致性修正。

（2）通过点绘水文站控制范围内平均年降水量与天然年河川径流量的双累积相关图，找出年降水量与天然年河川径流量关系发生明显变化的拐点年份，以该年份为分割点，将年降水量和天然年河川径流量系列划分为前、后两个年段，并对前一年段的天然年河川径流量系列进行修正。

（3）对于降水—径流关系变化不大，但明显存在系列一致性影响因素的流域，如傍河开采地下水，新建大中型水利工程投入运行等，采用成因方法进行系列一致性处理。

5.2.1　还原计算公式

本次还原计算方法采用分项调查分析法，其计算公式为

$$W_{天}=W_{实测}+W_{农耗}+W_{工业}+W_{生活}\pm W_{蓄}\pm W_{引}\pm W_{分洪决口}$$

式中：$W_{天}$——天然径流量；

$W_{实测}$——实测径流量；

$W_{农耗}$——农业灌溉耗水量；

$W_{工业}$——工业耗水量；

$W_{生活}$——居民生活耗水量；

$W_{蓄}$——水库蓄水变量；

$W_{引}$——跨流域引水量；

$W_{分洪决口}$——河道分洪、决口水量。

5.2.2　分项还原水量的确定

1. 实测径流量

实测径流量系根据本站实测资料分析推求，对区间站而言，实测径流量是本站实测径流量与上游站实测径流量之差。

2. 农业灌溉耗水量

农业灌溉耗水量采用渠首引水总量扣除回归水的方法推求。渠首引水总量由实测和调查两部分水量组成。回归水系根据回归系数进行估算。对回归水的估算，本次计算采用如下方案：对渠首站实测引用水量，一般年份回归系数采用0.2，干旱年份回归系数采用0；对由水库输水洞放出的灌溉水量，分两种情况估算回归水，一种情况是，1990年前，一般年份回归系数采用0.2，干旱年份采用0；另一种情况是1990年后，随着市场经济的运作，农业用水需缴纳水费，人们节水意识增强，他们不会用钱买水后浪费水，此期间已没有回归水，回归系数为0。

3. 工业、生活用水

对于工业、生活用水，绝大多数取用地下水，其地下水开采量由水利局水资源办公室提供。

对工业、生活用水的回归估算采用如下办法：干旱年份，回归水进入河道后，很快被提

走及蒸发、渗漏损失掉，不能到达下游测验断面，此时认为回归系数为 0；对一般年份分两种情况，1990 年以前回归系数采用 0.7，1990 年后，随着人们节水意识的增强及企业用水重复利用率的提高，回归系数有所减小，回归系数采用 0.5；2012 年开始执行最严格水资源管理制度，提倡废水处理后重新利用，因此 2012 年以后工业生活用水量回归系数为 0。

4. 水库蓄水变量

水库蓄水变量这一还原项系指控制站以上中小型水库蓄水变量，北望站区间，有大河、角峪、小安门、大冶 4 座中型水库每月有实测蓄水变量资料，其他中小型水库的蓄水变量资料均采用水量调查的方式获得年值。

5. 跨流域引水

对本站区间而言，有胜利渠渠首引向戴村坝区间的跨流域引出水量，本渠首站有实测监测资料。

6. 分洪决口水量

分洪决口水量系指特大洪水期因分洪决口未经控制断面的水量，本次还原计算不存在分洪决口这种情况。

5.2.3 单站降雨径流关系的合理性检查

求出各站以上或区间逐年天然径流量后，需要对计算成果进行合理性检查。检查的主要途径是绘制年降水量与天然径流深过程线图和相关关系图，并统计各年点据的相对误差及点据相关系数。

为分析计算成果的合理性，按照分析的降雨径流资料点绘各站以上(或区间)降雨—径流关系，各站个别点据偏离突出，对点据偏离原因进行分析，主要偏离原因有以下几点：①降雨强度明显偏大或偏小，②断面实测径流量明显偏大或偏小。

从站区间年降水量与天然径流深过程线图看，径流深变化趋势基本同降雨变化趋势一致；从相关关系图看，各站关系点据分布成一带状，一般点据相对误差在±30%以内，仅个别点据偏离相关线较大，相关系数在 0.86～0.96 之间，相关系数也较高，这说明年降水径流关系成立，计算成果可靠。

5.2.4 天然径流成果的一致性修正

由于人类活动改变了流域下垫面条件，可能导致 1956—2000 年天然年径流系列与 2001—2016 年天然年径流系列不一致，因此应对原 1956—2000 年天然年径流系列进行一致性修正，但从各站年降水量与天然径流深相关关系图来看，1956—2000 年天然年径流系列未明显偏离 2001—2016 年天然年径流系列，故无需修正。

由于 2000—2016 年期间北望和大汶口水文站均有迁站情况，导致区间集水面积不一致，为了径流量系列的一致性，在二次分析结果修正的基础上利用 1956—2000 年区间面积比采用比拟法统一计算到最新站址处的径流成果系列。

5.3 年径流统计参数的分析计算

本次研究共分析确定了7个水文站及其区间面积上的天然年径流系列，并进行了年径流量均值和 C_v 值的计算。

年径流量系列的均值采用算术平均值，经验频率采用数学期望公式：$P=m/(n+1)$ 计算，C_v 值用矩法公式计算，用适线法调整确定。理论频率曲线采用皮尔逊Ⅲ型曲线，C_s/C_v 值采用2.0，适线时照顾大部分点据，并以频率在20%～95%之间的点据拟合良好为原则定线，对系列中特大值与特小值不作处理，均值不作调整。

各选用站天然年径流量均值和 C_v 值的计算成果见表5.1。由表中结果来看，个别年份出现最小年天然径流为负值的现象，分析原因是这些年份降水量较小而水面蒸发和地表蓄水体渗漏较大所致。

5.4 年径流深等值线图

5.4.1 年径流深等值线图的绘制

根据各单站天然年河川径流量统计分析结果，绘制1956—2016年、1980—2016年同步期系列多年平均天然年径流深等值线图(如图5-1和图5-2)，绘制方法如下：

(1) 在单站同步期系列平均天然年河川径流量计算的基础上，以单站年径流深均值作为主要点据，适当补充区间年径流深均值点据，绘制多年平均年径流深等值线图。

(2) 年径流深均值点据一般应点绘在相应集水面积内径流分布的重心处。当集水面积内自然地理条件基本一致、高程变化不大时，点据可点绘在集水面积的形心处；当集水面积内高程变化较大、径流深分布不均匀时，则应参考年降水量等值线图选定点据位置。各选用水文站的集水面积不应重叠，若有重叠时，下游站应计算扣除上游站集水面积后的区间面积的径流深，点绘在区间面积的重心处。

(3) 以年径流深均值点据作为基本依据，结合自然地理情况勾绘等值线。在勾绘等值线时，首先应确定几条主线的分布和走向，然后再勾绘其他线条。当等值线跨越较大山脉时，等值线应有适当的迂回，避免横穿主山体；当等值线跨越较大河流时，应避免斜交。

(4) 年径流深等值线图的基本线值采用：10 mm、25 mm、50 mm、75 mm、100 mm、150 mm、200 mm、300 mm、400 mm。可根据需要适当增加密度。

表 5.1 泰安市水文站天然年径流量特征值

水文站名称	所在		年段	项目	多年平均		最大		最小		C_v		C_s/C_v	不同频率年河川径流量(万 m³)			
	水资源四级区	县级行政区			径流量(万 m³)	径流深(mm)	径流量(万 m³)	出现年份	径流量(万 m³)	出现年份	矩法	采用		20%	50%	75%	95%
北望区间	大汶河区	岱岳区	1956—2016	实测			136 433	1964	−5 256	2014	0.79	0.80	2	52 055	26 934	14 035	4 246
				天然	38 942	189.2											
			1980—2016	实测			87 136	2004	−5 256	2014	0.8	0.83	2	49 426	24 909	12 571	3 509
				天然	31 830	154.7											
北望以上	大汶河区	岱岳区	1956—2016	实测	62 032	174.7	243 365	1964	19.4	2002	0.68	0.67	2	98 696	57 098	33 884	13 487
				天然	77 212	217.4											
			1980—2016	实测	49 789	140.2	159 720	2004	19.4	2002	0.69	0.73	2	94 709	52 048	29 183	10 212
				天然	62 771	176.8											
大汶口区间	大汶河区	岱岳区	1956—2016	实测			34 812	1964	534	1989	0.69	0.73	2	16 368	8 995	5 044	1 765
				天然	11 775	246.9											
			1980—2016	实测			29 424	1990	534	1989	0.72	0.80	2	16 531	8 553	4 457	1 348
				天然	10 735	225.1											
大汶口以上	大汶河区	岱岳区	1956—2016	实测	103 248	181.3	426 438	1964	3 103	20020	0.66	0.65	2	169 458	99 722	60 312	24 956
				天然	125 819	220.9											
			1980—2016	实测	88 326	155.1	283 136	1990	3 103	2002	0.65	0.73	2	164 971	92 196	52 721	19 421
				天然	110 097	193.3											
戴村坝区间	大汶河区	东平县	1956—2016	实测			130 714	1964	−8 177	1967	1.09	1.01	2	30 883	13 174	5 400	935
				天然	20 186	78.6											
			1980—2016	实测			75 464	2004	−260	2002	0.92	0.91	2	24 827	11 633	5 376	1 234
				天然	15 689	61.1											

（续表）

水文站名称	所在		年段	项目	多年平均		最大		最小		C_v		C_s/C_v	不同频率年河川径流量（万 m³）			
	水资源四级区	县级行政区			径流量（万 m³）	径流深（mm）	径流量（万 m³）	出现年份	径流量（万 m³）	出现年份	矩法	采用		20%	50%	75%	95%
戴村坝以上	大汶河区	东平县	1956—2016	实测	102 157	123.6	556 357	1964	2 842	2002	0.69	0.67	2	203 223	117 552	69 767	27 796
				天然	149 208	180.6											
			1980—2016	实测	77 080	93.3	331 873	1990	2 842	2002	0.66	0.68	2	189 781	108 853	63 994	24 995
				天然	127 941	154.8											
黄前水库	大汶河区	岱岳区	1956—2016	实测	6 241	213.7	18 980	2004	61.4	1989	0.59	0.63	2	9 887.8	5 915.2	3 644.6	1 570.6
				天然	6 788	232.5											
			1980—2016	实测	6 636	227.3	18 980	2004	61.4	1989	0.68	0.75	2	10 132.7	5 472.6	3 005.0	1 012.8
				天然	6 674	228.6											
东周水库	大汶河区	新泰市	1956—2016	实测	3 846	203.5	15 858	1964	−71.9	2014	0.65	0.71	2	7 547.3	4 217.9	2 412.0	888.5
				天然	5 037	266.5											
			1980—2016	实测	3 842	203.3	14 438	2011	−71.9	2014	0.68	0.83	2	7 730.3	3 895.8	1 966.1	548.8
				天然	4 978	263.4											
楼德区间	大汶河区	新泰市	1956—2016	实测			123 016	1964	505.895 68	2002	0.79	0.82	2	46 898.4	23 852.9	12 181.2	3 489.4
				天然	33 214	246.6											
			1980—2016	实测			82 328.64	1990	505.895 68	2002	0.74	0.80	2	46 079.8	22 155.2	10 605.3	2 639.0
				天然	29 296	217.5											
楼德以上	大汶河区	新泰市	1956—2016	实测			148 261	1964	279.08	2002	0.75	0.78	2	57 997.8	30 550.7	16 280.7	5 112.8
				天然	40 807	244.6											
			1980—2016	实测	30 998	185.8	96 101.76	1990	279.08	2002	0.73	0.87	2	57 411.2	27 900.6	13 511.4	3 419.8
				天然	36 591	219.4											

（续表）

水文站名称	所在		年段	项目	多年平均		最大		最小		C_v		C_s/C_v	不同频率年河川径流量（万 m^3）			
	水资源四级区	县级行政区			径流量（万 m^3）	径流深（mm）	径流量（万 m^3）	出现年份	径流量（万 m^3）	出现年份	矩法	采用		20%	50%	75%	95%
光明水库	大汶河区	新泰市	1956—2016	实测	2 149	162.8	9 386.9	1964	−979.72	2014	0.77	0.80	2	3 936.5	2 036.8	1 061.3	321.1
				天然	2 556	193.6											
			1980—2016	实测	2 117	160.4	7 767	2005	−979.72	2014	0.87	0.98	2	3 715.5	1 630.5	694.7	131.2
				天然	2 317	175.5											

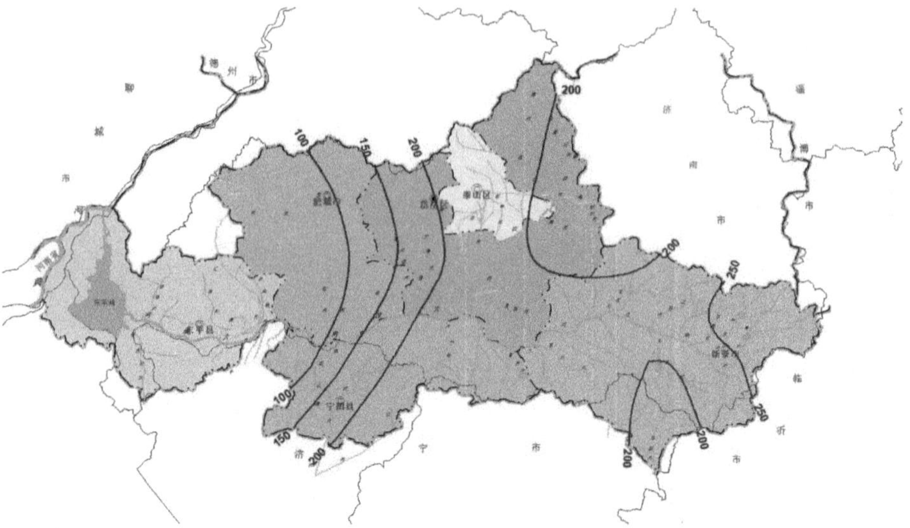

图 5-1 泰安市 1956～2016 年多年平均天然年径流深等值线图

图 5-2 泰安市 1980—2016 年多年平均天然年径流深等值线图

5.4.2 合理性检查

绘出年径流深均值等值线图后，从以下几个方面进行了合理性检查：

(1) 与自然地理特性进行对照检查，年径流深均值等值线图的分布趋势、走向和高低值区，应与地形等自然地理特性相应。

(2) 对于同一幅等值线图而言，各控制水文站由等值线图量算的天然年河川径流量与相应单站的计算值相比，不应出现相对误差系统偏大或偏小的情况。

(3) 将同期的平均年降水量等值线图与平均年径流深等值线图进行比较，两张图的主线走向应大体一致，高值区和低值区的位置应基本对应，不应出现一条径流深等值线横穿多条降水量等值线的情况。

(4) 与邻近地区的同期多年平均年径流深等值线图对照，其同值等值线应衔接。

(5) 与以往绘制的平均年径流深等值线图进行对照分析，对有明显差异的地区进行分析论证或作必要的修改。

5.5 年径流的时空分布特征

5.5.1 年径流深的地区分布

泰安市河川径流主要是由降水补给，年径流深在地区分布趋势同降水量基本一致。但由于径流受下垫面的影响，所以年径流深地区分布的不均匀性比年降水量更大，其分布趋势为从东部山丘区向西部平原区递减，新泰市多为山丘区，1956—2016 系列年多年平均年径流深达200～250 mm，而东平县为平原区，只有 50～100 mm。1956—2016 系列年径流变差系数 C_v 一般在 0.6～1.0 之间，其分布趋势为从东部山丘区向西部平原区递增。

5.5.2 径流量的年际变化和年内分配

5.5.2.1 径流量的年际变化

泰安市地表径流量均为降水产生，由于泰安市降水量年际变化较大，相应地表径流量的年际变化也较大，而且由于降水量要经过流域产、汇流过程的调节后形成径流，受流域土壤、植被等下垫面因素及降水强度、降水历时的影响，同样的降水量，其产生的径流量会有较大差异。因而，径流量的年际变化要明显大于降水量的年际变化，这种现象可从年径流量和年降水量的变差系数 C_v 值上看出。泰安市各雨量站 1956—2016 年降水量系列 C_v 值一般在 0.28～0.40 之间，而各水文站 1956—2016 年径流量系列 C_v 值则在 0.69～0.98 之间，径流量的年际变化比降水量更为显著。

泰安市径流量年际变化的特点是丰水年和枯水年径流量相差悬殊，极值比(最大年径流量与最小年径流量之比)较大。选用北望、大汶口、戴村坝等 7 个站作为代表站，统计分析 1956—2016 年 61 年天然年径流量系列，各代表站最大年径流量大多出现在 1964、1990、2004、2005、2011 年，最小年径流量多出现在 1967、1989、2002 和 2014 年。各代表站的极值比在 300～13 000 之间。其中，戴村坝站最大天然年径流量发生在 1964 年，为 556 357 万 m^3，最小天然年径流量发生在 2002 年，为 2 842 万 m^3；大汶口站最大天然年径流量发生在 1964 年，为 426 438 万 m^3，最小天然年径流量发生在 2002 年，为 3 103 万 m^3；北望站最大天然年径流量发生在 1964 年，为 243 365 万 m^3，最小天然年径流量发生在 2002 年，为 19.4 万 m^3。

泰安市径流量年际变化的另一个特点是连续丰水年组与枯水年组交替出现，且连续枯水年组出现的机率较大，如连续 4 年的枯水年组有 3 组，丰水年组仅有 1 组。对泰安市 1956—2016 年天然年径流量系列进行分析，连续丰水年组(连续 2 年以上)出现了 7 次，最长的连续丰水年为 4 年，为 1961—1964 年，4 年平均年径流量为 260 631 万 m^3，是多年平均值的 2.4 倍。连续枯水年组(连续 2 年以上)出现 7 次，最长的连续枯水年为 4 年，连续 4 年的枯水年组出现3次，分别为1965—1968年、1986—1989年、1999—2002年，连续4年的枯水年平均年径流量分别为47 528万m^3、44 359万m^3、49 000万m^3，占多年平均值的44%、41%和45%。

全市总年径流量的年际变化也很大，历年最大年径流量与最小年径流量的比值达107倍，最大年径流量发生在1964年，年径流量达49.4亿m^3，最小年径流量发生在2002年，年径流量为0.46亿m^3。

5.5.2.2　径流量的年内分配

泰安市径流量的年内变化比年降水量更大，径流量主要集中在汛期，枯水期径流量很小，甚至河川断流。汛期6—9月份径流量占年径流量的70%～90%。最大月径流量一般出现在8月份。

5.6　水资源分区地表水资源量

地表水资源量即天然年径流量。泰安市水资源计算分区有3个三级区和4个四级区，水资源四级区和三级区天然年径流量计算方法如下。

(1) 水资源四级区内有水文站控制时，根据控制水文站逐年天然河川年径流量，采用不同方法确定该四级区逐年地表水资源量。

① 当未控区面积占比很小，且与控制站以上降水相差不大时，直接移用控制站以上年径流深，计算未控区逐年地表水资源量。

② 当未控区面积占比较小，但与控制站以上降水相差较大时，移用控制站以上年径流系数，计算未控区逐年地表水资源量。

③ 当未控区面积占比较大时，应考虑与控制站以上下垫面差异，对移用的年径流深或年径流系数进行适当修正。

(2) 水资源四级区内没有水文站控制时，可移用自然地理特征相似地区的年径流系数，由降水系列推求四级区径流系列。在移用自然地理特征相似地区的年径流系数时，可考虑不同区域下垫面差异作适当修正。

(3) 在四级区地表水资源量基础上，汇总水资源三级区年地表水资源量系列。

分别计算水资源四级区、三级区年地表水资源量特征值，包括统计参数(均值、C_v值、C_s/C_v值)及不同频率(P=20%、50%、75%、95%)的年地表水资源量，见表5.2。统计参数和频率计算方法同降水量的统计计算方法。

表5.2　泰安市水资源分区年地表水资源量特征值

水资源三级区	水资源四级区	统计年限	年数	统计参数			不同频率地表水资源量(万m^3)			
				年均值(万m^3)	C_v	C_s/C_v	20%	50%	75%	95%
大汶河区	大汶河区	1956—2016	61	96 677	0.70	2	144 395	81 427	46 960	17 616
		1956—2000	45	96 443	0.72	2	145 005	80 387	45 465	16 362
		1980—2016	37	88 517	0.69	2	131 759	74 935	43 635	16 704

（续表）

水资源三级区	水资源四级区	统计年限	年数	统计参数			不同频率地表水资源量（万 m^3）			
				年均值（万 m^3）	C_v	C_s/C_v	20%	50%	75%	95%
花园口以下干流区间	黄河干流区	1956—2016	61	540.0	1.20	2	888	313	99	9
		1956—2000	45	560.0	1.20	2	921	324	102	10
		1980—2016	37	495.5	1.20	2	815	287	91	9
湖东区	汶宁区	1956—2016	61	5 269	0.93	2	8 372	3 851	1 739	378
		1956—2000	45	5 275	0.97	2	8 446	3 743	1 612	313
		1980—2016	37	4 438	0.77	2	6 776	3 598	1 935	625
湖东区	邹泗区	1956—2016	61	5 944	0.77	2	9 079	4 823	2 594	836
		1956—2000	45	5 846	0.70	2	8 731	4 925	2 838	1 066
		1980—2016	37	6 085	0.77	2	9 295	4 937	2 655	856
大汶河区		1956—2016	61	96 677	0.70	2	144 395	81 427	46 960	17 616
		1956—2000	45	96 443	0.72	2	145 005	80 387	45 465	16 362
		1980—2016	37	88 517	0.69	2	131 759	74 935	43 635	16 704
花园口以下干流区间		1956—2016	61	540.0	1.20	2	888	313	99	9
		1956—2000	45	560.0	1.20	2	921	324	102	10
		1980—2016	37	495.5	1.20	2	815	287	91	9
湖东区		1956—2016	61	11 213	0.78	2	17 173	9 039	4 813	1 520
		1956—2000	45	11 121	0.83	2	17 268	8 697	4 393	1 234
		1980—2016	37	10 523	0.72	2	15 822	8 771	4 961	1 785

5.7 行政分区地表水资源量

参照水资源四级区的计算方法，计算各水资源四级区套县的地表水资源量，并以四级区成果为准，对分区内各套区地表水资源量进行平差，在水资源四级区套县成果基础上，汇总县级行政区和全市1956—2016年地表水资源量系列。

分别计算县级、市级行政区年地表水资源量特征值，包括统计参数（均值、C_v 值、C_s/C_v 值）及不同频率（P=20%、50%、75%、95%）的年地表水资源量，见表5.3。统计参数和频率计算方法同降水量的统计计算方法。

表5.3 行政分区年地表水资源量特征值

地级行政区	县级行政区	统计年限	年数	统计参数			不同频率年地表水资源量（万 m^3）			
				年均值（万 m^3）	C_v	C_s/C_v	20%	50%	75%	95%
泰安市	泰山区	1956—2016	61	7 571	0.79	2.0	11 631	6 063	3 199	986
		1956—2000	45	7 662	0.74	2.0	11 591	6 312	3 506	1 204
		1980—2016	37	7 194	0.83	2.0	11 171	5 630	2 841	793

（续表）

地级行政区	县级行政区	统计年限	年数	统计参数			不同频率年地表水资源量（万 m^3）			
				年均值（万 m^3）	C_v	C_s/C_v	20%	50%	75%	95%
泰安市	岱岳区	1956—2016	61	27 608	0.70	2.0	41 234	23 253	13 410	5 030
		1956—2000	45	27 480	0.70	2.0	41 044	23 145	13 348	5 007
		1980—2016	37	25 674	0.72	2.0	38 601	21 399	12 103	4 356
泰安市	宁阳县	1956—2016	61	10 519	0.79	2.0	16 156	8 430	4 442	1 371
		1956—2000	45	10 318	0.85	2.0	16 103	7 967	3 938	1 054
		1980—2016	37	9 396	0.71	2.0	14 080	7 873	4 496	1 652
泰安市	东平县	1956—2016	61	9 632	0.97	2.0	15 422	6 834	2 943	572
		1956—2000	45	10 197	0.94	2.0	16 236	7 399	3 302	699
		1980—2016	37	7 524	0.90	2.0	11 880	5 618	2 626	619
泰安市	新泰市	1956—2016	61	42 882	0.77	2.0	65 501	34 793	18 712	6 033
		1956—2000	45	41 670	0.78	2.0	63 804	33 610	17 911	5 625
		1980—2016	37	41 676	0.83	2.0	64 713	32 613	16 459	4 594
泰安市	肥城市	1956—2016	61	10 219	0.98	2.0	16 392	7 195	3 061	579
		1956—2000	45	10 797	0.97	2.0	17 288	7 661	3 299	642
		1980—2016	37	8 073	0.90	2.0	12 747	6 028	2 818	664
泰安市		1956—2016	61	108 429	0.70	2.0	161 949	91 326	52 669	19 757
		1956—2000	45	108 124	0.72	2.0	162 568	90 123	50 972	18 344
		1980—2016	37	99 536	0.69	2.0	148 160	84 263	49 066	18 784

5.8 重点流域天然年径流量

泰安市重点流域为大汶河和南四湖两个流域。其中，大汶河流域内仅有一个水资源四级区，则该四级区地表水资源量系列及特征值，即为大汶河流域地表水资源量系列及特征值；南四湖流域内有汶宁区和邹泗区 2 个水资源四级区，则将该重点流域内两个四级区 1956—2016 年逐年地表水资源量相加，即可求得南四湖流域地表水资源量系列。

根据年降水量系列和地表水资源量系列，点绘重点流域年降水径流关系，无明显偏离点群的点据，说明计算成果是合理的。对各重点流域的天然年径流量系列分别按 1956—2000 年、1956—2016 年、1980—2016 年三个天然年径流量系列计算统计参数和不同保证率（P=20%、50%、75%、95%）的年径流量。

5.9 入境、出境水量

入境、出境水量指的是实际流入或流出某一行政区境内的水量，由于泰安市 2011 年开始设置出入境水量监测站，故本次仅统计 2011—2016 年的出入境水量。泰安市入境水量主要来自济南市莱芜区，根据控制牟汶河的峅峪站和控制瀛汶河的张梭村站 2011 年至 2016 年的实测径流资料来计算，多年平均入境水量约为3.517亿m^3；出境水量主要根据大汶河下游东平湖出水口把控站——陈山口水文站以及琵琶山、松山、松山(东)三处引向南四湖流域控制站的2011年至2016年的实测径流资料来计算，多年平均出境水量约为3.786亿m^3。

5.10 重点工程可供水量核算

依据山东省重点工程可供水量核算水库名录，本次分析的重点工程是光明水库，根据《水利工程水利计算规范》等相关技术规范，分析该水库2016年现状水平年50%、75%和95%保证率可供水量，对计算成果应进行合理性分析，对水库不同保证率可供水量、水库以上不同保证率地表水资源量、上下游水库有关成果等，进行综合协调分析。

5.10.1 水库基本情况

光明水库位于新泰市大汶河南支柴汶河的支流光明河上，坝址位置在东经117°36′，北纬35°53′，控制流域面积134 km^2，现状总库容1.000 1亿m^3，兴利库容0.529 5亿m^3，是一座以灌溉、工业用水为主，结合防洪、养殖等综合利用的大(二)型水库。光明水库以上流域内建有小(一)型水库2座，小(二)型水库14座，控制流域面积24.63 km^2，总库容852.8万m^3，兴利库容513.0万m^3。

流域形状为阔叶形，不对称系数0.044，平均宽度7.5 km，河长17.60 km，干流坡度0.003 1 m/m。水库控制流域为浅山区和丘陵区，山区绝大部分为青石山，土层较薄，土壤为粘土；丘陵绝大部分为沙石，土层瘠薄，土质为沙土和沙壤土，植被条件较差，水土流失一般。农作物以冬小麦、夏玉米、棉花、蔬菜等为主。

光明水库地处鲁中暖温带大陆性季风气候区，雨热同期，据1956—2016年资料统计，水库流域多年平均年降水量755.9 mm，年际变化较大，最大年降水量为1 365.4 mm(1964年)，最小年降水量为341.0 mm(2002年)。降水量年内分配也很不均匀，枯季少雨，汛期降水集中，6—9月降水量占全年的75.1%，形成春旱、夏涝、秋后又旱的局面多。年平均气温12.6℃，历年最高气温39.5℃，最低气温为−21.6℃。光明水库的径流由大气降水补给，径流在时间上的变化特点与降水相似，但年际、年内变化更大。

(1) 水库工程情况

光明水库1958年5月开工兴建，同年9月建成蓄水；从1964年起先后开挖加深溢洪道1.3 m，由原高程176.75 m挖深至175.45 m，放水洞闸门由原木门板改换为平板钢闸门，改建放水洞启闭机房；1991年山东省水利厅批复的"光明水库保安全工程初步设计"项目开始动工，1998年大部分批复建设项目完成并验收；2010年进行除险加固工程，并在原溢洪道处建三孔8×4.7 m的溢洪闸。除险加固后总库容仍为1.000 1亿m^3，其中兴利库容0.529 5亿m^3，死库容0.019 0亿m^3。光明水库工程规模为大(二)型，工程等别为Ⅱ等，主要建筑物大坝、放水洞、溢洪道等别为2级，次要建筑物为3级，临时建筑物为4级。水库枢纽工程由大坝、溢洪道和放水洞等组成。

大坝：为壤土均质坝，坝长860 m，坝顶宽度5.5 m(含防浪墙)，最大坝高23.0 m，坝顶高程(56 黄海基准,下同)181.20 m,防浪墙顶高程为 182.20 m。

溢洪道(闸):位于大坝的右岸,闸室为开敞式平底宽顶堰型钢筋混凝土结构,共 3 孔,每孔净宽 8 m,总净宽 24 m,闸底板高程 173.45 m,设有 3 扇平板钢闸门,闸门尺寸为 8×4.7 m,直升卷扬式启闭机 3 台。

放水洞:位于大坝桩号 0+100 处,为钢筋砼方涵,进口底高程 165.18 m,设计最大流量 5.5 m^3/s。

2010 年除险加固后的光明水库设计防洪标准为百年一遇,校核标准为五千年一遇。运用指标为允许最高水位 179.35 m,汛中限制水位 175.50 m,汛末蓄水位 176.00 m,兴利水位 176.85 m。光明水库工程情况见表 5.4。

光明水库是一座综合利用水库,防洪效益方面百年一遇洪水削减洪峰达 66%;兴利效益方面设计灌溉面积 6.3 万亩,有效灌溉面积 3.9 万亩,近十年平均实灌面积 1.5 万亩。

表 5.4 光明水库除险加固工程特性表

项目	特性指标		单位	原设计	加固后	备注
水库	控制流域面积		km^2	134	134	
	防洪标准	设计	X 年一遇	百年	百年	
		校核	X 年一遇	千年	五千年	
	水位	死水位	m	166.06	166.06	
		兴利水位	m	176.00	176.85	
		设计水位	m	178.04	178.69	
		校核水位	m	179.60	180.67	
	库容	死库容	万 m^3	278	190	
		兴利库容	万 m^3	4 028	5 295	
		总库容	万 m^3	8 500	10 001	
	有效灌溉面积		万亩	3.9	3.9	
地震设防烈度				Ⅶ	Ⅶ	
主坝	坝型			均质土坝	均质土坝	
	坝长		m	860	860	
	最大坝高		m	23	23	
	坝顶宽		m	5	5	
	坝顶高程		m	181.1	181.2	
	防浪墙顶高程		m	182.2	182.2	
	边坡坡比	上游坡		1:3	1:3	
		下游坡		1:2.75	1:2.75	

（续表）

项目	特性指标	单位	加固前	加固后	备注
溢洪道	位置/型式		无闸开敞式	溢洪闸	
	闸门孔数/宽×高	孔/m		3/8×4.7	
	堰顶(闸底板)高程	m	175.45	173.45	
	控制断面净宽	m	65	24	
	设计洪水时最大泄量	m^3/s	165	88	
	校核洪水时最大泄量	m^3/s	883	559	
	消能型式		无	消力池	
放水洞	结构型式		砌石无压拱涵	钢筋混凝土箱涵	
	输水管道尺寸	m	1.0×1.2	2.0×2.0	
	进口底高程	m	165.18	165.18	
	设计流量	m^3/s	4.68	5.5	

（2）灌区基本情况

光明水库灌区位于新泰市西南部，1959 年水库建成后修建灌区，1962 年开灌，1965 年灌区基本配套。灌区涉及小协、谷里、宫里 3 个乡镇，51 个行政村，土地面积 168 km^2。设计灌溉面积 6.3 万亩，有效灌溉面积 3.9 万亩，近十年平均实灌面积 1.5 万亩。干渠全长 35 km，分干渠 2 条长 11 km，支渠 35 条长 55 km，斗农毛渠长 15 km，暗渠总长 5 836 m，渡槽 2 座，倒虹吸 3 座，桥、涵、闸等建筑物 1 012 座。灌区农作物有冬小麦、夏玉米、棉花和蔬菜等。

（3）水库建成以来运用情况

光明水库 1958 年建成蓄水，1962 年 6 月设立水文站进行水文观测。水库自建成至今主要用水部门为农业灌溉用水和城市用水。水库蓄水情况：水库历年最高蓄水位 176.06 m，时间为 2004 年 9 月。历年最低蓄水位 165.26 m，时间为 1984 年 4 月。水库建成后，到 2011 年 54 年中有 7 年溢洪，分别为 1970、1990、1991、2004、2005、2007 和 2011 年。

5.10.2 水库现状来水量分析

水库现状来水量是指在水库上游现有水利工程条件下的水库来水量。水库来水量受上游水利工程的调蓄影响，由于各年上游水利工程数量不同，故对各年来水量影响也不一致。由于兴利调节计算的需要，各年水库来水量需统一换算为现状年水利工程条件下的水库来水量水平。

本次采用以下两种方法计算水库现状来水量：

第一种方法是基于坝址天然径流量系列，计算得多年平均现状来水量如下：

$$W_{现来}=W_{天然}+W_{蒸}+W_{渗}-W_{拦}$$

第二种方法是基于出库水量系列，计算得多年平均现状来水量如下：

$$W_{现来}=W_{出}\pm\Delta W+W_{蒸}+W_{渗}-W_{拦}$$

上式计算时段 Δt 为月。

$W_{出}$、ΔW 由光明水库实测资料计算而得，其余项目计算方法如下：

（1）水库水面蒸发损失水量 $W_{蒸}$

光明水库无实测水面蒸发量资料，采用戴村坝 1956—1962 年、黄前水库 1963—1979 年、东周水库 1980—2016 年水面蒸发量资料，计算实测陆上蒸发器水面蒸发量资料，统一换算为光明水库水面蒸发量。按以下公式计算年水面蒸发损失量：

$$W_{蒸}=0.1\times f\times[e-(P-R')]$$

式中：$W_{蒸}$——水库水面蒸发损失水量（万 m^3）；

f——水库水面面积（km^2）；

e——水库水面蒸发量（mm）；

P——平均年降水量（mm）；

R'——年径流深（mm），以实测出库水量和蓄水变量之代数和计算。

年内各月蒸发损失水量的计算，以水库年水面蒸发损失水量按照实测月蒸发量进行分配后乘以水库月平均库面面积求得。

（2）水库渗漏损失水量 $W_{渗}$

光明水库加固工程的一个重要原因就是渗漏比较严重，加固工程完成后，渗漏问题得以基本解决，因此在计算光明水库渗漏损失水量时，按除险加固后月平均蓄水量的 0.3% 计算。

（3）上游水库拦蓄利用水量的估算 $W_{拦}$

上游小型水库拦蓄利用水量与水库年来水量和兴利库容有关。一般小型水库拦蓄利用系数为 1.0～1.3，本次最大采用 1.3，由小型水库的兴利库容乘以 1.3 作为小型水库最大可能拦蓄利用水量。由光明水库年来水量采用面积比法分别计算各小型水库的年来水量，当算得的年来水量大于最大可能拦用水量时，取最大可能拦用水量作为年拦蓄利用水量；当算得的年来水量小于最大可能拦用水量时，取年来水量作为年拦蓄利用水量。

小型水库年来水量计算公式如下：

$$W_{小}=\frac{F_{小}}{F_{光}}W_{光}$$

式中：$F_{小}$、$W_{小}$——上游小型水库流域面积、年来水量；

$F_{光}$、$W_{光}$——光明水库流域面积、年来水量。

小型水库拦蓄利用水量的月分配按同年光明水库各月来水量月分配比计算。

按上述两种方法计算出光明水库现状来水量系列，得到平均现状年来水量，其中：

第一种方法 $W_{现来}=2\ 556+881-310=3\ 127$（万 m^3）；

第二种方法 $W_{现来}=2\ 282+900-310*20/60\approx3\ 079$（万 m^3）。

由计算结果来看，两种方法计算的结果基本相等，说明采用的方法是合理的。考虑到用水安全，确定采用第二种方法计算的成果。

5.10.3 光明水库各用水部门用水量

光明水库建成后，主要用于向原新汶城区供水、农业灌溉用水和生态用水。

(1) 农业灌溉用水量

根据电厂供水论证要求，需要对现状年农业用水量进行预测。依据泰安市水利勘测设计研究院 2011 年 5 月编制的《新泰市光明水库灌区节水配套改造工程可行性研究报告》，光明水库灌区将进行节水配套改造，提高灌区的水利用系数，确定改造后的灌溉水利用系数为0.64，灌溉保证率采用 50%。

水库灌区的灌溉制度系根据光明水库雨量站的历年逐日降水量和各种作物需水量，依据《山东省主要农作物灌溉定额》(DB37/T1640—2010)，按水量平衡原理逐日分析计算确定，求得各种作物的净灌溉定额，然后按灌区作物组成、复种指数求得灌区历年单位面积净灌溉定额。

灌区内主要作物为冬小麦、夏玉米、棉花、蔬菜四种。作物复种指数采用 1.75，其中冬小麦 0.85、夏玉米 0.85、棉花 0.03、蔬菜 0.02。作物生育需水量，冬小麦采用口镇试验站的资料，夏玉米采用冶源灌区试验资料，春玉米采用德州的试验资料。灌区土壤为壤土，土壤计划湿润层的深度按主要根系活动层深度确定，其中冬小麦、夏玉米、蔬菜均采用 0.7 m，棉花采用 0.8 m。

(2) 城市用水量

现状向新汶电厂年供水 20 万 m^3。

(3) 生态用水量

水是生态环境中最活跃、最重要的要素，它积极参与生态环境中一系列物理、化学和生物过程，是人类生产、生活和生态环境建设中不可替代的、极其宝贵的自然资源。根据 2006 年 1 月国家环境保护总局司函环评函[2006]4 号文关于印发《水电水利建设项目河道生态用水、低温水和过鱼设施环境影响评价技术指南(试行)》的函，选择水文学法计算维持水生生态系统稳定所需水量。水文学法是以历史流量为基础，根据简单的水文指标确定河道生态环境需水，本次采用国内常用的 Tennant 法进行分析。经综合分析确定本次生态需水量以来水量的 10%计算。

5.10.4 水库供水量调节计算

(1) 各时期特征库容的确定

光明水库各特征库容见表 5.5。

表 5.5 光明水库各特征库容表

设计标准	水位(m)	相应库容(万 m^3)
死水位	166.06	190.0
汛中限制	175.50	4 346
汛末限制	176.00	4 763
兴利	176.85	5 485

(2) 调节计算方案的确定

光明水库目前主要向农业灌溉和工业供水。根据各部门用水情况，按现状年和向农业供水保证率为 50%，城市供水保证率为 95%，确定调算方案如下：在保证农业灌溉面积 3.9

万亩、生态用水的条件下，调算光明水库最大可供水量。

(3) 长系列变动用水时历法可供水量调算

根据光明水库现状来水量和用水量系列，采用水量平衡原理，逐年逐月进行连续调算。由于水库现状来水量中包含水面蒸发、渗漏损失水量，故采用“计入水量损失的时历列表法”进行多年兴利调节计算。

水库水面蒸发损失水量的计算方法：年蒸发损失量为库面年水面蒸发量与年陆地蒸发量的差值。年陆地蒸发量近似地用年降水量与年径流深的差值表示。将求得的年蒸发损失量按水面蒸发量月分配数分配到各月，求得各月蒸发损失量，以此乘以与各月水库平均蓄水位相应的水面面积，求得各月蒸发损失水量。

水库渗漏损失水量的计算：依据调查资料，确定按水库月平均蓄水量的 0.3%计算。

对光明水库现状来水量系列进行水库长系列变动用水时历法多年调节计算，用水保证率采用公式 $P=m/(n+1)$计算，农业供水保证率为 50%，城市用水为 95%。

长系列调算结果见表 5.6

(4) 现状工业生活及农业用水量满足程度分析

按前述调算方法和原则，对水库进行长系列调节计算，得到现状水平年不同保证率可供水量，由调算结果可知，光明水库在供水保证率 50%时能够满足面积 3.9 万亩的农业灌溉需水量 689.8 万 m^3，在供水保证率 95%时工业生活最大可供水量为 1 324 万 m^3。计算结果见表 5.7

表 5.6 现状年水库长系列调节计算成果表

项目/水平年		现状年
多年平均来水量(万 m^3)		3 079
农业供水	农业灌溉面积(万亩)	3.9
	灌溉水利用系数	0.64
	多年平均供水量(万 m^3)	689.8
	供水保证率(%)	50
工业生活供水	多年平均供水量(万 m^3)	1 324
	供水保证率(%)	95
生态供水	生态流量(m^3/s)	—
	多年平均供水量(万 m^3)	307.9
	供水保证率(%)	—
多年平均弃水量(万 m^3)		168
多年平均总供水量(万 m^3)		2 014

表 5.7 以农业用水为主水库可供水量调算成果表

水平年	优先考虑农业供水条件下			
	农业供水量(万 m^3)	农业供水保证率	工业生活最大可供水量(万 m^3)	工业生活供水保证率
现状年	689.8	50%	1 324	95%

6

地下水资源量

6.1　地下水资源分析的意义

本次分析的地下水是指赋存于地表面以下岩土空隙中逐年不断更新的饱和重力水，而且主要是与大气降水及当地地表水关系密切的浅层地下水。

对近期下垫面条件下的浅层地下水资源量及其时空分布特征进行全面分析，为水资源总体规划、合理配置提供可靠的依据。

6.2　地下水资源分析的内容与方法

本次重点分析矿化度小于 2 g/L 的多年平均地下淡水资源量。平原区对矿化度为 2～5 g/L的微咸水和大于 5 g/L 的咸水仅计算降雨入渗与地表水体入渗补给量，近似作为其资源量，但不参与水资源总量分析。山丘区地下水资源量不进行矿化度区分。

分析方法采用水均衡法。根据水量平衡原理建立多年平均水均衡方程：

总补给量＝总排泄量

其中：总补给量、总排泄量分别为各项补给量、排泄量的总和。不同计算分区的总补给量、总排泄量所包括的补给项、排泄项不同。

在人类活动影响和均衡期间代表多年的年数并非足够多的情况下，水均衡还与均衡期间的浅层地下水蓄变量(ΔW)有关，因此，在实际应用水均衡理论时，一般指均衡期间多年平均地下水总补给量、总排泄量和地下水蓄变量三者之间的均衡关系，即：

总补给量－总排泄量＝蓄变量

6.2.1　平原区分析内容

(1) 总补给量与总排泄量

① 总补给量

总补给量＝降水入渗补给量＋地表水体渗漏补给量(包括河道渗漏、渠系渗漏、渠灌田间入渗、湖泊及闸坝渗漏、人工回灌)＋井灌回归补给量＋山前侧渗补给量＋越流补给量

② 总排泄量

总排泄量＝潜水蒸发量＋浅层地下水实际开采量＋河道排泄量＋侧向流出量＋越流

排泄量

(2) 地下水资源量

因井灌回归补给量为地下水的重复利用部分,故以总补给量减去井灌回归补给量作为计算分区的地下水资源量。

(3) 地下水可开采量

地下水可开采量系指在可预见的时期内,通过经济合理、技术可行的措施,在不引起生态环境恶化的条件下允许从含水层中获取的最大水量。

6.2.2 山丘区分析内容

山丘区包括一般山丘区和岩溶山区。

(1) 一般山丘区

一般山丘区地形、地貌、地层岩性、地质构造都较复杂,资料缺乏,不具备计算各项补给量的条件。根据补、排平衡原理,以总排泄量作为地下水资源量。

山丘区排泄项包括:河川基流量、山前侧向流出量(含出山口河床潜流量)、未计入河川径流的泉水出露量、浅层地下水开采净消耗量、潜水蒸发量。

(2) 岩溶山区

岩溶山区地下水补给、径流、排泄条件受岩溶发育的影响较大,在岩溶发育的地区,向下入渗能力强,地面水大量向中、深层渗漏,用基流分割法求得的河川基流量偏小或接近于零。因降水是岩溶山区主要补给来源,一般采用降水入渗系数法计算补给量,作为岩溶山区地下水资源量。

6.3 分析类型区划分

地下水的储存、分布及其动态特征,受降水特点、地质、地貌、水文地质条件及开采条件等综合因素所制约。而上述诸因素的地区差异很大,所以在分析区域地下水资源时,首先要划分分析类型区。而且分区合理与否,将直接影响到计算成果的精度。划定分区时不仅以水文地质条件为基本特征,而且还考虑到地下水与地表水之间的天然联系,因此尽量与地表水分区相一致。同时还要考虑到水利规划、地下水开发利用等方面的需要,分析类型区分为计算分区和成果汇总分区两大类。

6.3.1 计算分区

(1) 一级计算区

按大的地貌单元划分为山丘区和平原区,山丘与平原两大类型区的分区界线,是根据山东省习惯上的地貌分区,并考虑松散沉积物的厚度大于 8 m 进行确定。

(2) 二级计算区

按次级地貌单元分为一般平原区、山间平原区、一般山丘区和岩溶山区。分区原则:a. 山区地表水、地下水有统一的流域边界,具备地下水补给、径流、蓄存、排泄条件的一致性。

b. 平原区基本满足水文地质条件的一致性和地表水系的完整性。c. 降水、蒸发、径流等主要水文气象特征基本相似。

(3) 三级计算区

为了提高计算精度，在二级计算区内，再划分为若干个三级计算区。平原区根据 0～8 m浅层岩性分区图、地下水埋深等值线图、降水入渗补给系数 α 分区图、多年平均降水量等值线图、地下水矿化度分区图以及各类灌区分布图进行划分。即在同一个三级计算区内，上述各值基本相同。山区以水文测站控制范围和岩溶分布块段划分计算单元。

(4) 四级计算区

根据泰安市地形、地貌、水文地质等实际特征，将三级区又划分为四级区。

沂沭泗河流域湖东三级区划分为汶宁区、邹泗区共 2 个四级区。泰安市四级分区示意图详见图 3.1。

6.3.2 成果汇总分区

成果汇总分区分为计算分区和行政分区两类。计算分区按三级区和四级区汇总，行政分区按县(市、区)汇总，其界线和面积与地表水资源分析汇总分区一致。

6.4 各分区水文地质条件

各计算分区水文地质条件主要包括区域水文地质概况、区域地下水补给、径流和排泄条件、区域水位动态特征等。

下面对各计算分区分述之。

6.4.1 大汶河区

泰安市大部分属于大汶河区，面积为 6 563 km^2，且大部分为山丘区，仅在汶河沿岸及肥城与东平交界处为平原区。全市大汶河区水文地质条件与区域地质构造、地形、地貌条件有明显的一致性，地下水分布规律与地形基本相似，地表水与地下水分水岭大部分重合，泰、肥、宁平原补给条件好，蕴藏丰富的第四系孔隙水，隐伏的奥陶系石灰岩地区，有着丰富的地下水，如泰城、旧县、肥城盆地、新汶盆地等；由前震旦系花岗片麻岩构成的泰山、莲花山等地，裂隙水量较小。

1. 含水层、含水岩组及赋存特征

根据地下水赋存条件、水理性质及水力特征，全市的地下水可划分为松散岩类孔隙水、碎屑岩类孔隙裂隙水、碳酸盐岩类裂隙岩溶水、基岩裂隙水四大类，各类型水文地质特征如下：

(1) 松散岩类孔隙水

① 近代河流冲积、洪积层孔隙水

在泰安市辖区内，含水层以汶河沿岸最发育，以条带状分布于河床及其近侧，为中、粗砂夹卵砾石，厚度一般 5～15 m，自河床向两侧变薄。除河床直接裸露外，皆上覆有一定厚度的粘质砂土或砂质粘土，故地下水微承压。富水性好，单井涌水量一般 1 000～3 000 m^3/d。满庄一带冲积层，含水层较薄，富水性中等，单井涌水量 500～1 000 m^3/d。

汶河自新泰汶南向西，经新汶、宫里、楼德，沿河分布的含水层以冲积层细、中、粗砂、砂砾石为主，埋藏于粘质砂土或砂质粘土之下，并于河床及河漫滩处出露，含水层厚 2～6 m，最厚达 10.18 m，顶板埋藏深度 2～8 m，水位埋深 1.4～3.9 m。该区地下水，北侧有大面积裂隙水补给，南侧有岩溶水补给，富水性强，单井涌水量 1 000～3 000 m^3/d。

肥城盆地内康王河冲洪积层孔隙水，由于砂层厚度较薄，一般厚度在 5 m 左右。单井涌水量在 500～1 000 m^3/d。上游水位埋藏较深，可达 20 m，水位年变幅 3 m 左右，下游水位埋深变浅，年变幅 1～2 m。

② 冲洪积层孔隙水

主要分布在山前地带，含水层为砂砾石层，厚度较小，水量不大，单井涌水量一般小于500 m^3/d。

③ 残坡积、坡洪积层孔隙水

分布在山地或丘陵的支谷、谷底，岩性多为砂或碎石夹粘土层，多伏于黄土状砂质粘土之下，厚度不一，水位埋藏较深，富水性差，为弱含水组，单井涌水量一般小于 500 m^3/d。

自口镇西南至泰安大辛庄一带，长 25 km 范围内的长埠岭地区，系古近系杂色页岩组成，上覆残坡积及坡洪积物的粘性土。岭顶厚度为 0.1～0.3 m，岭坡小于 2 m，无含水层，土质致密，粘性强，不透水，雨后涝害严重。

（2）碎屑岩类孔隙裂隙水

① 碎屑岩孔隙裂隙水

主要含水层由孔隙、裂隙较发育的二迭系、侏罗系和古近系砂、页岩。一般富水性较弱，单井涌水量小于 100 m^3/d。

大汶口单断凹陷，古近系埋藏于 10 m 以下。主要岩性为砂岩、页岩和砂质粘土岩，透水性差，富水程度极弱，涌水量一般小于 100 m^3/d。

楼德—新泰—蒙阴单斜断块，地下水赋存于细砂岩、粘土岩、砂页岩及砾岩的裂隙孔隙中。白垩系青山组之上、中亚组岩性差异较大，中亚组为石英砂岩、粉砂岩、凝灰质砂岩和砾岩。出露面积较广，该含水岩组裂隙、孔隙一般不发育，富水性弱，单井涌水量小于 100 m^3/d。

下古近系砾岩一般含水较好，其砾石成分为灰岩、泥质及钙质胶结，具溶蚀现象，孔隙发育较好，富水性中等或强，新泰县翟镇一带的古近系砾岩含水层，单井涌水量为 100～1 000 m^3/d。

大汶口西遥地段分布的泥质灰岩及钙质页岩富水性也较好，如部分地段含水层为钙质页岩及泥质灰岩，其顶底板埋深为 20.22～243.0 m，含水层厚度为 64.76 m，降深 16.34 m，涌水量为 1 021 m^3/d。

② 碎屑岩夹碳酸盐岩孔隙岩溶裂隙水

主要含水层为石炭系中、上统砂岩、页岩夹薄层石灰岩组成，层间裂隙发育，部分灰岩具岩溶裂隙。本类型地下水的含水岩组地表出露甚少，其上多覆盖二迭系弱透水的砂、页岩地层，其下部有页岩层与奥陶系相隔，故地下水补给条件较差，水量较小，涌水量一般小于 100 m^3/d。

位于汶南至大协一带裸露的中、上石炭系煤系地层，由于北侧现代小汶河直接与覆盖在煤系地层之上的含水砂层相连，尤其在协庄至孙村一带，致使第四系潜水直接补给石炭系灰岩层间岩溶裂隙水，其水量丰富。

(3) 碳酸盐岩类裂隙岩溶水

地下含水层由寒武系、奥陶系灰岩及灰岩夹页岩组成，裂隙岩溶发育，地下水赋存条件好，为工农业供水的主要来源层。

① 碳酸盐岩裂隙岩溶水

含水层由裂隙、岩溶发育的奥陶系及上寒武系凤山组石灰岩、白云质灰岩、泥灰岩组成。以单斜产状分布于各断块凸起的北部，裸露区多为低山丘陵，至山前倾斜平原则隐伏于石炭、二迭纪或第四纪地层之下。灰岩厚度大，分布广，其裂隙、岩溶彼此连通，便于地下水的运动与赋存。但因各断块之间或每个断块内的灰岩所处的构造、地貌条件不同，裂隙岩溶水的赋存条件和富水性都各具有很大差异。

各断块内的裂隙岩溶水区的南部，即各断块内凤山组，下奥陶系和部份中奥陶系灰岩裸露的低山、丘陵区，为裂隙岩溶水的直接补给区。由于地势较高，地表裂隙、岩溶发育较强，且部分与地下岩溶裂隙连通较好，故多处造成地表径流漏失，地下水位埋藏较深。水位以下岩溶不甚发育，其富水性较弱，一般小于 500 m^3/d。

各断块内的裂隙岩溶水区的中部，即中奥陶系灰岩分布的低矮的丘陵区，该区北侧灰岩多隐伏于第四系之下，南侧灰岩裸露，为裂隙岩溶水的补给径流区，灰岩的裂隙、岩溶发育程度增强。地下水自南向北径流速度略缓，水位埋藏变浅，一般小于 50 m，补给充沛，富水性增强，灰岩裸露区，富水性一般弱到中等。

各断块内的裂隙岩溶水区的北部，含水岩组为中奥陶系灰岩，岩层倾向于北，并隐伏于第四系、古近系、侏罗系及石炭系之下，局部因构造而直接与古近系、侏罗系或石炭系接触。因地层与构造影响，地下水受阻迴水承压，并沿接触带、断裂带或裂隙发育带上升，于低洼处溢出地面成泉，形成裂隙岩溶水之承压排泄区。中奥陶系灰岩裂隙、岩溶发育，地下水补给充沛。

② 碳酸盐岩夹碎屑岩岩溶裂隙水

含水岩组由上寒武系长山、崮山组和中、下寒武系灰岩夹页岩组成。多分布于断块凸起北侧的中部，以单斜产状覆盖于太古界变质岩系之上，形成低山、丘陵地形。灰岩顶底板均为隔水的页岩，形成岩溶裂隙水。地下水的埋藏与富水性随地貌、岩性及构造等条件的变化而具较大差异，岩溶裂隙多沿不同岩性界面及构造带附近发育，季节性泉出露很多。

(4) 基岩裂隙水

主要为块状岩类裂隙水，包括泰山群变质岩及各期岩浆岩(即闪长岩、花岗岩等)风化带网状裂隙水。

泰山群变质岩系大面积分布于各断块凸起南部，呈中低山地形，如泰山、徂徕山、新甫山等地。岩浆岩多伏于第四系冲洪积物之下，或裸露地表。岩浆岩和变质岩的网状风化裂隙及线状构造裂隙发育，地下水主要埋藏于网状裂隙风化带中，风化带厚度约 20～30 m，基底面与地面起伏大体相一致，地下水呈带状分布于山坳或谷底等洼处。在构造及地貌条件适宜处，往往形成季节性下降泉。富水性极不均匀，受季节控制明显，地下水位随季节变化，埋藏较浅，年变幅 4～6 m。在地形较平缓的低山区，汇水条件较好，风化带略厚，在较宽的沟谷处，水量略大。在切割较深的中低山地区，地形变化大，风化裂隙发育不均，水量小，单井涌水量一般小于 100 m^3/d。

2. 地下水的补给、径流及排泄

① 松散岩类孔隙水

全市大汶河区第四系孔隙水的主要补给来源多为：a. 大气降水；b. 地表水的补给，尤其在地下水开采程度较高地区，地表水补给量占有重要地位；c. 裂隙岩溶水及其他含水岩组的侧向补给。其径流方向与地表水体径流方向基本一致。其排泄方式有：a. 蒸发排泄；b. 以潜流形式向河谷及河流下游排泄；c. 在岩溶水开发地区向下垂向补排于裂隙岩溶地下水；d. 人工开采。

② 碎屑岩类孔隙裂隙水

泰安市大汶河区碎屑岩类出露较少，多呈隐伏或埋藏状态分布，因此其地下水的来源多为相邻含水岩组的侧向补给或垂向越流补给，然后在水动力条件的影响下朝着水压力减小的方向运动，最终排向其他含水岩组或通过人工采掘露头排泄。

③ 碳酸盐岩类裂隙岩溶水

全市大汶河区灰岩地层多以单斜产状分布于各断块凸起北侧，该类型水多在盆地南部灰岩裸露区接受大气降水补给，另外还接受地表水体及其他含水岩组地下水的补给，特别是在许多灰岩隐伏区，常与第四系孔隙水产生较强烈相互补给转化。

泰安市大汶河区裂隙岩溶水径流方向大都由东南向北西，或由南而北径流，泰安—旧县块段则是由北向南，于旧县附近和东部侧向来水汇流后向地表或第四系孔隙水中排泄。

大汶河是岩溶地下水的集中排泄地带。其排泄方式一是顶托排泄于第四系孔隙水及其他含水岩组中，然后再向河流排泄；二是直接排向地表水体。目前在一些开发程度较高的地段，人工开采已成为其主要排泄方式。

④ 基岩裂隙水

全市大汶河区基岩裂隙水大多是接受大气降水补给，然后沿地形坡向顺裂隙向下游运动，在裂隙出露地带成泉水而排泄或向其他含水岩组侧向排泄。

3. 地下水的动态变化特征

泰安市大汶河区地下水位的年内变化趋势主要受降雨和开采量的影响。一般情况下，汛后水位上升，最高水位出现在 9 月底 10 月初，12 月至翌年 3 月水位处于稳定期，4—6 月份地下水位下降，最低水位出现在 5 月底 6 月初。降雨入渗对地下水位动态的影响与包气带的岩性有密切的关系。

泰安市大汶河区大部分农田以井灌为主，每年 3 月份小麦春灌，水位不断下降；6、7 月份雨季，同时农业开采停止，降水入渗补给地下水，水位回升，区域水位年变幅 2～3 m。多年水位变化周期与降水量及开采量联系密切，并随着开采强度的提高有逐年下降的趋势。

6.4.2 汶宁区

汶宁区以平原为主，属山前冲洪积平原，北起汶河南岸的小中皋至堽城西一线，南至宁阳界限的黄茂至古城一线，地面坡降约 1/1 000～1/3 000，总面积 792 km^2。

(1) 含水层、含水岩组及地下水赋存特征

本区为汶泗河冲洪积山前倾斜平原，又是泗河冲洪积扇与汶河冲洪积扇的迭交地带。第四系含水砂层较厚，颗粒较粗。由东北向西南第四系逐渐加厚，含水砂层层次增多，厚度增大，颗粒变细。第四系厚度 50～200 m。根据勘探孔和农业灌溉机井资料分析：该区在 30～60 m 有一较好的隔水层，一般厚度约 5～20 m，岩性为亚粘土或粘土。

该区 40～60 m 以上，含水砂层由细砂、中砂组成，共 2～4 层，单层厚度 1～5 m，累计厚度 5～15 m，单位涌水量为 200～1 000 $m^3/d\cdot m$，水化学类型多为 HCO_3^-—Ca^{2+}、HCO_3^-—$Ca^{2+}\cdot Mg^{2+}$、HCO_3^-—$Ca^{2+}\cdot Na^+$ 型，矿化度一般在 0.4～0.8 g/L 之间。pH 值 6.8～7.8，水温 16～18℃。

中深层孔隙水含水层组，大致埋深在 62～150 m 之间，含水砂层由中细砂、含砾中粗砂组成，一般 1～3 层，单层厚度 1～10 m，累计厚度 10～20 m，地下水呈承压水性质，单位涌水量 300～1 000 $m^3/d\cdot m$，水化学类型一般为 HCO_3^-—Ca^{2+} 或 HCO_3^-—$Ca^{2+}\cdot Na^+$ 型水，矿化度 0.3～0.7 g/L。

(2) 地下水补给、径流和排泄

地下水的主要补给来源为大气降水及人工回灌补给地下水，山区的地下水潜流向该平原排泄，以及洸府河、大汶河等地表水体渗漏补给等。

地下水的运移方向与当地的地形坡度一致，即由东北向西南方向流动。水力坡度 1/1 000～1/3 000，浅层孔隙水与中深层孔隙水，由于隔水层的不连续，致使两层水力联系密切。

该区面积较小，区内农业灌溉程度较高。因此，人工开采是该区的主要排泄形式，此区与济宁相接，由于济宁的几大煤矿都在此区南部，常年大量开采地下水，造成该区地下水埋深较大，绝大部分面积埋深大于 6 m，其中多年平均埋深大于 10 m 的面积约占该区面积的 1/3，主要分布在东疏、泗店、八仙桥、文庙等地。

(3) 地下水动态特征

地下水动态反映了地下水收支平衡的过程。其变化规律主要受各项补排关系的制约，表现为随着季节及气象周期性呈同步变化。该区第四系厚 40～60 m，水位埋深一般 5～10 m，年变幅 2～3 m，年内变化为：3—5 月份，地下水位逐渐降至最低，在 6—9 月份，地下水位逐渐升至最高，10 月份至翌年 2 月份地下水位动态较为平稳。

中深层孔隙水，其水位动态亦受季节性降水的影响。但由于埋深较大，只能间接接受浅层地下水的补给。因此，水位变化在时间上表现出滞后现象。

6.4.3 邹泗区

泰安市新泰东南部为邹泗区，面积仅为 311 km^2。

(1) 含水层、含水岩组及赋存特征

按照含水层岩性及地下水类型，本区划分四个含水岩组：第四系松散岩类孔隙含水岩组、碎屑岩类孔隙裂隙含水岩组、碳酸盐岩类裂隙岩溶含水岩组、变质岩类裂隙含水

岩组。

① 松散岩类孔隙水含水岩组:主要分布于区内中北部、西部,主要由第四系冲洪积,洪积物及坡积物组成,埋深 60 m 以上的浅层水多是潜水或具有微承压水性质,60 m 以下中深层水具有承压水性质。

浅层孔隙水有 3～10 层含水层,含水层岩性主要是中粗砂,中细砂及少量砾石层,总厚度 20～30 m,由南向北,含水层底板渐深,由 10 m 增至 60 m,厚度由小渐大,颗粒由细变粗,地下水埋深一般在 1～10 m 之间,大部分井孔单位涌水量在 100 m^3/d・m 以上;坡洪积物主要含钙质结核的粘质砂土,分布于南部,东部及山间各地中,厚度大于 10 m,无含水砂层,局部可见含水砾石层,富水性较差,井孔单位涌水量均小于 100 m^3/d・m,水质较好,矿化度为 0.5～0.7 g/L,属 HCO_3^-—Ca^{2+} 型水。

中深层孔隙水主要赋存于北部,西部平原区,一般埋藏在 60 m 以下。含水层主要为中、粗砂、混粒砂等,井孔单位涌水量一般小于 100 m^3/d・m,矿化度小于 0.5 g/L,属 HCO_3^-—Ca^{2+}・Na^+ 型水。

② 碎屑岩类孔隙裂隙含水岩组:主要分布于本区的北部,隐伏于第四系松散层下,为本区的相对隔水层。侏罗系孔隙裂隙含水岩组主要分布于本区的东北部;石炭系碎屑岩类含水组主要分布于本区的北部岩溶区,裂隙发育较差,富水性较弱,井孔单位潜水量 7～50 m^3/d・m,矿化度小于 1.0 g/L,水质类型为 HCO_3^-—Ca^{2+} 型水和 HCO_3^-—Ca^{2+}・Na^+ 型水。

③ 碳酸盐岩类裂隙岩溶含水岩组:在区内分布面积广,是本区主要的含水岩组,岩性为奥陶系、寒武系的地层,尤其是奥陶系地层厚度大,岩溶裂隙发育。该含水岩组除在南部山区北侧以残丘形式有零星出露外,绝大部分以单斜层状隐伏于第四系和石炭系地层之下,含水层顶板由南向北渐深,一般为 20～270 m。地下水主要赋存于奥陶系石灰岩、豹皮灰岩、结晶灰岩、白云岩等岩溶裂隙中,含水层发育在 300 m 之上,连通性好,水量丰富,是区内岩溶水的主要赋水岩组。

④ 变质岩类、岩浆岩类裂隙含水岩组:包括太古界变质岩及零星出露的各时期岩浆岩,地下水主要富存于风化裂隙之中,风化带发育深度一般小于 20 m,裂隙发育密集细小,富水性差,地下水位埋深 2～5 m,大部分开挖成大口井供人畜饮水及抗旱点种水源,单位涌水量小于 50 m^3/d・m,水质良好,矿化度小于 0.5 g/L,为 HCO_3^-—Ca^{2+} 型水。

(2) 地下水的补给、径流和排泄

本区地下水补给来源主要是大气降水入渗,其次为地表河水渗漏和灌溉水回渗。地下水的径流、排泄受地形、地貌、地层构造等因素的制约,因岩溶水与孔隙水差异较大,现分别叙述:

① 第四系孔隙水:第四系孔隙水的补给来源以大气降水为主,其径流、排泄主要受地形制约,局部地区由于人类活动,改变了径流方向,东部山区和平原区第四系地下水总体向西径流。

② 基岩裂隙水:变质岩山区基岩裂隙水的补给来源是接受大气降水补给后,由于降水入渗,储存于风化裂隙和构造裂隙中,顺坡运移,其运移特征是:降水补给,浅部循环,短途排泄。一是补给第四系坡洪积物中,二是排入山间沟谷中,大部分转化成第四系孔隙水。

(3) 地下水位动态特征

① 孔隙水水位动态变化:在自然因素和人为因素作用下,呈现有规律的变化,年变化一般呈上半年水位缓慢下降,6、7 月份出现全年最低水位,7、9 月份雨季到来,水位上升,8、9 月份出现全年最高水位,年复一年呈周期性变化,但在柴汶河两岸第四系孔隙水受河水位高低的影响。

② 岩溶水水位的动态变化规律:岩溶水水位的动态变化主要受人工开采及降水、河湖水补给制约。呈明显平盘上升平盘下降季节性变化特点。随着全年降水量少—多—少季节性变化规律,岩溶水水位产生稍滞后于降水的低—高—低周期性变化过程。

由于受地形、地貌、岩性、构造以及人工开采因素的影响,水位动态存在一定的差异。南部山区,浅部岩溶发育,岩溶水直接接受降水补给后,径流途径短,水位变化剧烈,年变幅 10～30 m。该区对降水反应特别敏感,有效降雨后,1～2 天内水位迅速回升。北部第四系覆盖区,在大气降水后,岩溶水直接来自降雨补给较少,主要接受南部山区岩溶水侧向径流补给,因汇水面积大、径流途径远、补给时间长、调储空间大等原因,岩溶水水位受降水影响滞缓,一般滞后 5～30 天,年变幅小,一般 1.5～3 m,最大不超过 5 m。

6.5 水文地质参数的分析确定

水文地质参数是计算区域地下水资源量的基础数据。参数的精确程度直接影响地下水资源分析的可靠性,本次分析鉴于时间和资料的制约,除降水入渗补给系数用地下水动态资料分析法进行对照确定外,部分参数采用比拟法确定,另外拟采用综合法确定河道渗漏补给量计算中的有关参数。

6.5.1 给水度 μ 值

给水度是指饱和岩土在重力作用下自由排出的重力水的体积与该饱和岩土体积的比值。μ 值大小主要与岩性及其结构特征(如岩土的颗粒级配、孔隙裂隙的发育程度及密实度等)有关;此外,第四系孔隙水在浅埋深(地下水埋深小于地下水毛细管上升高度)时,同一岩性,μ 值随埋深减小而减小。

20 世纪 70 年代中期,全市曾进行了大规模的包气带地质勘探工作,完成地质取芯探孔 779 个,钻孔深在 8～12 m 之间,本次给水度(μ)值分析就以此资料为基础。首先根据均衡试验场和试验场及流域其他水文地质资料,选取了包气带不同岩性的给水度(表),再根据各钻孔所揭示的钻孔岩性分布,用加权平均的办法求取各钻孔的平均给水度,最后根据各计算区的钻孔分布,求取各计算区的平均给水度。

6.5.2 降水入渗补给系数 α 值

降水入渗补给系数是指降水入渗补给量与相应降水量的比值。影响 α 值大小的因素很多,主要有包气带岩性、地下水埋深、降水量大小和强度、土壤前期含水量、微地形地貌、植被及地表建筑设施等。

本次选用了各平原计算区具有代表性的地下水位动态观测井长观资料及其临近的降水资料,用地下水动态资料分析法分析计算了各计算区降水入渗补给系数。

首先求得单眼井的年降水入渗补给系数。计算公式如下：

$$\alpha_{年} = \frac{\sum\limits_{i=1} \Delta h_i \cdot \mu_i}{P_{年}}$$

式中:$\alpha_{年}$——单井年降水入渗补给系数;

μ_i——变幅带中相应埋深段给水度;

Δh_i——监测井年内第 i 次降水的地下水升幅(m);

$P_{年}$——与监测井相应的雨量站年降水量(m)。

将单井的年降水入渗补给系数,求算术平均值作为计算区的年降水入渗补给系数。

6.5.3 潜水蒸发系数C值

潜水蒸发系数是指潜水蒸发量与相应计算时段的水面蒸发量的比值。包气带岩性、地下水埋深和植被情况是影响 C 值的主要因素。

目前国内推求潜水蒸发系数 C 常采用阿维扬诺夫公式,这个公式具有一定局限性,计算结果与实测值误差较大,本次分析采用泰安水文局在《泰安市井灌区地下水资源及节水效益综合研究》中建立的指数型经验公式:

$$C_{年} = 10^{-0.328\Delta^{0.95}}$$

式中:$C_{年}$——年潜水蒸发系数(无量纲);

Δ——潜水水位埋深(m)。

对于地下水埋深在 4 m 以上的区域,潜水蒸发量甚微,故本次分析不再考虑该部分区域潜水蒸发问题。

根据泰安市历年年平均地下水位埋深等值线图,量算确定各计算区地下水埋深小于 4 m的不同埋深区域面积,代入指数型经验公式,算得各计算区历年潜水蒸发系数 $C_{年}$。

经计算,并参考山东省水资源分析成果,确定潜水蒸发系数地下水埋深 0～2 m 采用 0.23,地下水埋深 2～4 m 采用 0.12。

6.5.4 灌溉回归系数β值

灌溉回归系数包括渠灌入渗补给系数和井灌回归补给系数,是指灌溉入渗补给量与灌水量(井灌时,为实际开采量)的比值。影响 β 值的重要因素是包气带岩性、地下水埋深、灌水定额及耕地的平整程度。

灌溉回归量是一种可重复利用的水量,虽没有增加当地的地下水资源,但影响到用水量的统计。目前,多数井灌区都采用了节水型灌溉,回渗补给量较小,经综合分析确定各平原区井灌回归补给系数统一采用 0.15;渠系灌溉时,用水量比较大,渠系灌溉入渗补给系数统一采用 0.20。见表 6.1。

表 6.1 灌溉回归系数β取值表

计算区名称	井灌	渠灌
灌溉回归系数β	0.15	0.20

6.5.5 渗透系数K值

渗透系数为水力坡度等于1时的渗透速度。影响渗透系数 K 值大小的主要因素是岩性及其结构特征。

根据泰安市试验资料，各种岩性渗透系数见表6.2。

表 6.2 不同岩性渗透系数经验值表

岩性	粘土	亚粘土	亚砂土	松散岩(胶体)	中砂	粗砂砾石
渗透系数 K(m/d)	0.3	0.3	0.8	3	20	100

6.6 平原区地下水资源量计算

平原区总补给量扣除井灌回归补给量为平原区地下水资源量。

6.6.1 分项补给量计算

平原区各项补给量包括：降水入渗补给量 P_r、河道渗漏补给量 $Q_{河补}$、渠灌入渗补给量 $Q_{渠渗}$、井灌回归补给量 $Q_{井渗}$、地表水体渗漏补给量 $Q_{蓄}$、山前侧向补给量 $Q_{侧}$、越流补给量 $Q_{越}$、人工回灌补给量等。各项补给量计算了2001—2016年的系列值。

(1) 降水入渗补给量 P_r

降水入渗补给量，系指当地降水入渗补给地下水的水量。采用降水入渗补给系数法计算。计算公式为：

$$P_r = 10^{-1} \cdot P \cdot \alpha \cdot F$$

式中：P_r——计算区年降水入渗补给量(万 m^3)；

P——降水量(mm)，采用各计算区2001—2016年逐年的面平均降水量；

α——计算区多年平均降水入渗补给系数(无因次)；

F——计算区面积(km^2)。

(2) 河道渗漏补给量 $Q_{河补}$

当河水位高于两侧地下水位时，河水补给地下水，单侧河道渗漏补给量可用达西公式计算：

$$Q_{河补} = K \cdot M \cdot I \cdot L \cdot t$$

式中：K——渗透系数(m/d)；

M——含水层厚度(m)；

I——水力坡度；

L——河流长度(m)；

t——河水补给地下水的时间(d)。

(3) 渠系及田间灌溉渗漏补给量 $Q_{渠渗}$

通过渠道引河、库灌溉用水，渠道及田间渗漏补给地下水，用补给系数法计算：

$$Q_{渠渗}=\beta_{渠}\cdot Q_{渠灌}$$

式中：$\beta_{渠}$——渠道及田间渗漏补给系数；

$Q_{渠灌}$——渠灌水量(万 m^3)。

渠灌水量的推求，由农灌用水总量减去农灌地下水开采量可得，依据各县(市、区)上报资料，并作适当合理性修正。

跨区引水灌溉渗漏补给量计算，主要是引黄灌溉，依据上报的引黄灌溉资料，引水渗补量为引灌水量根据渗漏补给系数(0.20)折算得。

(4) 井灌回归量 $Q_{井渗}$

用机井等取水设施开采地下水进行农田灌溉时，有一部分通过包气带渗漏补给地下水，用井灌回归系数法计算：

$$Q_{井渗}=\beta_{井}\cdot Q_{井灌}$$

式中：$\beta_{井}$——井灌渗漏补给系数；

$Q_{井灌}$——井灌水量(万 m^3)。

各区 $\beta_{井}$ 取值为 0.15。井灌水量依据各县(市、区)上报资料。

(5) 山前侧向补给量

山前侧向补给量为山丘区地下水以地下径流的形式补给给平原区浅层地下水的水量。先沿山区与平原区的分界处切割水文地质剖面，然后采用达西公式进行计算：

$$Q_{侧}=K\cdot I\cdot M\cdot L$$

式中：$Q_{侧}$——山前侧向补给量(万 m^3/a)；

K——渗透系数(m/d)；

M——计算剖面含水层厚度(m)；

I——垂直于计算剖面的地下水水力坡度；

L——计算剖面长度(m)。

(6) 地表水体补给量。

地表水体补给量包括河道渗漏补给量(含河道对傍河地下水水源地的补给量)、湖库渗漏补给量、渠系渗漏补给量、渠灌田间入渗补给量、以地表水为水源的人工回灌补给量。其中：跨水资源一级区调水形成的地表水体补给量(包括黄河侧渗补给量、引黄灌溉补给量、平原水库渗漏补给量等)需单列。为满足平原区与上游山丘区地下水重复计算量的分析要求，需计算地表水体补给量中由山丘区河川基流形成的部分。鉴于平原区地表水体补给量的水源主要来自上游山丘区，可采用下式近似计算由山丘区河川基流形成的地表水体补给量：

$$Q_{表基}\approx\zeta\times Q_{表补}$$

式中：

$Q_{表基}$——由山丘区河川基流形成的年地表水体补给量(万 m^3)；

ζ——山丘区基径比(无量纲)；

$Q_{表补}$——年地表水体补给量(万 m^3)。

山东省泰安市平原区 2001—2016 年多年平均浅层地下水补给量及资源量见表 6.3~表 6.4。

6.6.2 分项排泄量计算

(1) 潜水蒸发量

潜水蒸发量是指潜水在毛细管作用下,向上运动造成的蒸发量。潜水蒸发与地下水位埋深、包气带岩性、植被、气象等因素有关。地下水埋深大于 4 m 的区域,可不考虑潜水蒸发。潜水蒸发量可采用潜水蒸发系数法计算,计算公式:

$$E = 10^{-1}E_0 \cdot C \cdot F$$

式中:E——潜水蒸发量(万 m^3);

E_0——水面蒸发量(mm);

C——潜水蒸发系数;

F——计算面积(km^2)。

(2) 河道排泄量

当河水位低于两岸地下水位时,河水排泄地下水。其排泄量可用达西公式或分割基流的方法来求得。此次分析参考了山东省水资源分析有关成果,两种方法计算成果与省水资源分析有关成果进行了对照,得到 2001—2016 年逐年河道排泄量。

(3) 侧向流出量

因水力坡度较小,流入流出量较小,且基本抵消,故本项忽略。

(4) 浅层地下水实际开采量

根据《泰安市水资源综合规划水资源调查分析表》中各县(市、区)上报的资料分析计算。

(5) 浅层地下水总排泄量

均衡计算区内各项地下水排泄量之和为浅层地下水总排泄量。

6.6.3 地下水蓄变量

地下水蓄变量为均衡计算区计算时段始、末地下水蓄变量的差值,计算公式:

$$\Delta W = 10^2(H_1 - H_2) \cdot u \cdot F$$

式中:H_1、H_2——计算时段始、末(2001 年初—2016 年末)的地下水位(m);

表 6.3　山东省泰安市平原区 2001—2016 年多年平均浅层地下水补给量表

单位：面积：km^2，水量：万 m^3/a，模数：万 $m^3/km^2 \cdot a$，矿化度：g/L

县(市、区)	面积		补给量											矿化度
	合计	其中：计算面积	降水入渗补给量	降水入渗补给量模数	山前侧向补给量	本水资源一级区地表水体补给量 合计	本水资源一级区地表水体补给量 其中：山丘区	合计	井灌回归	其他补给量	地下水总补给量	地下水总补给量模数		
泰山区	68	51	856	16.8	0	118	51	118	42	7	1 023	20.1		≤1
岱岳区	637	619	9 528	15.4	1	1 318	567	1 318	464	81	11 391	18.4		
宁阳县	92	84	1 666	19.8	108	0	0	0	99	0	1 873	22.3		
东平县	779	586	5 919	10.1	0	514	248	514	661	1	7 096	12.1		
新泰市	487	446	5 437	12.2	5 096	0	0	0	308	38	10 879	24.4		
肥城市	560	556	6 397	11.5	10	483	207	483	791	39	7 720	13.9		

表 6.4 山东省泰安市平原区 2001—2016 年多年平均浅层地下水资源量表

单位:面积:km²,水量:万 m³/a,模数:万 m³/km²·a,矿化度:g/L

县级	面积		补给量													排泄量								蓄变量	河道渗漏补给量与湖库渗漏补给量	渠系渗漏补给量与渠灌田间入渗补给量	矿化度
	合计	其中:计算面积	降水入渗补给量	降水入渗补给量模数	山前侧向补给量	本水资源一级区地表水体补给量			井灌回归补给量	其他补给量	地下水总补给量	地下水总补给量模数	地下水资源量		地下水资源量模数	实际开采量	潜水蒸发量	河道排泄量		侧向流出量	湖库排泄量	其他排泄量	地下水总排泄量				
						合计	其中:山丘区河川基流形成的	合计					合计	其中:$M\leqslant$ 1 g/L				合计	其中:降水入渗补给量形成的								
泰山区	68	51	856	16.8	0	118	51	118	42	7	1 023	20.1	981	964	19.2	706	12	146	125	0	0	0	864	53	41	77	
岱岳区	637	619	9 528	15.4	1	1 318	567	1 318	464	81	11 391	18.4	10 928	10 736	17.7	7 868	132	1 621	1 397	0	0	0	9 621	640	502	816	
宁阳县	92	84	1 666	19.8	108	0	0	0	99	0	1 873	22.3	1 774	1 774	21.1	960	23	1 023	913	0	0	0	2 006	7	0	0	≤1
东平县	779	586	5 919	10.1	0	514	248	514	661	1	7 096	12.1	6 435	6 435	11.0	4 982	2 128	0	0	0	0	7	7 117	−163	129	386	
新泰市	487	446	5 437	12.2	5 096	0	0	0	308	38	10 879	24.4	10 571	10 571	23.7	7 637	137	2 327	1 234	0	0	633	10 733	−250	0	0	
肥城市	560	556	6 397	11.5	10	483	207	483	791	39	7 720	13.9	6 930	4 495	12.5	6 593	0	0	0	0	0	601	7 194	−160	205	278	

u——给水度；

F——计算区面积(km^2)。

6.6.4 平原区地下水均衡分析

为检查计算成果的合理性，根据水量平衡原理，进行地下水总补给量、总排泄量和地下水蓄变量间的水均衡分析。水均衡关系为：

$$Q_{总补} - Q_{总排} \pm \Delta W = X;\quad \delta = \frac{X}{Q_{总补}}$$

式中：$Q_{总补}$——均衡计算区地下水总补给量(万 m^3)；

$Q_{总排}$——均衡计算区地下水总排泄量(万 m^3)；

ΔW——地下水蓄水变量(万 m^3)；

X——绝对均衡差(万 m^3)；

δ——相对均衡差。

一般认为，若$|X|$或$|\delta|$较小，则 $Q_{总补}$、$Q_{总排}$、ΔW 三项计算成果的误差较小，即计算精度较高。

6.7 山丘区地下水资源量计算

本次研究只考虑基岩以非可溶性岩类为主的山丘区称为一般山丘区。一般山丘区地形起伏，高差悬殊，河床切割深，河道坡度大，有利于径流的水平排泄，一般山丘区含水层较薄，调蓄能力较差，补给和排泄机制比较简单，而且地下水埋藏较深，潜水蒸发很小可忽略不计，可以总排泄量扣除开采回归补给地下水量作为降水入渗补给量，即山丘区浅层地下水资源量。

(1) 河川基流量

河川基流量是指河川径流量中由地下水补给河水的部分，即河道对地下水的排泄量。河川基流量是山丘区地下水的主要排泄量，采用分割河川径流过程线的方法求得。

① 水文站的选择：应选用流域闭合，受水利工程影响较小，且具有长系列流量资料的水文站。本次选用书院、马楼、滕县水文站作为代表站进行基流分割。

② 单站基流量的分割：一般采用直线斜割法。自洪峰起涨点至径流过程退水段转折点处，以直线相连，直线以下的部分即为河川基流量。无明显地表径流的枯季河川径流量，全部作为基流量；洪水过程为单峰的，直接分割；洪水过程为连续峰型的，先分割成单峰，然后再进行分割。然后计算河川基流量，受水利工程影响较大的站对河川基流量进行还原计算。

计算区河川基流量采用控制站面积加权法计算，无控制站的的计算区，选用下垫面条件相近站的河川基流模数计算。

(2) 山前侧向流出量

山前侧向流出量是指山丘区以地下潜流形式向平原的排泄水量。即为平原区的山前侧向补给量。

（3）山前泉水溢出量

山前泉水溢出量是指出露于山丘区与平原区交界线附近、且未计入河川基流量的泉水水量。对于泰安市山丘区各计算区，泗水县虽然有数个泉群，但其排泄量已算入河道基流排泄量或人工开采量之中，故无此项计算量。

（4）浅层地下水实际开采量及开采净消耗量

浅层地下水实际开采量为计算区内的农业、工业和生活用水的地下水开采量；浅层地下水实际开采量扣除回归补给地下水的水量为开采净消耗量。采用调查统计法进行计算，依据《泰安市水资源综合规划水资源调查分析表》中各县（市、区）上报资料。

（5）潜水蒸发量

山丘区潜水蒸发量的计算方法同平原区。

（6）出山口河床潜流量

出山口河床潜流量为山丘区与平原区结合处河床松散沉积物中的径流量。河床潜流量未被水文站测到，没有包括在河川径流量或河川基流量内，若出山口河床松散层厚度大，则采用达西公式计算。

（7）一般山丘区地下水总排泄量

一般山丘区地下水总排泄量为各项排泄量之和，本次计算了泰安市山丘区 2001—2016 年系列值，见表 6.5。

6.8 计算分区地下水资源量

地下水资源量为山丘区和平原区地下水资源量之和扣除两者之间的重复量。重复量由两部分组成：一是山前侧向补给量作为补给项计入平原区地下水资源量，又作为排泄项计入一般山丘区地下水资源量中；二是一般山丘区河川基流量作为对平原区地下水补给量又计入了平原区地下水资源量。计算公式为：

$$Q_{地} = P_{r山} + Q_{平} - Q_{侧补} - Q_{基补}$$

式中：$P_{r山}$——山丘区降水入渗补给量即地下水资源量；

$Q_{平}$——平原区地下水资源量；

$Q_{侧补}$——平原区山前侧向补给量；

$Q_{基补}$——山丘区河川基流量对平原区地下水补给量。

山丘区河川基流量对平原区地下水补给量 $Q_{基补}$ 与地表水的开发利用水平有关，可用 $Q_{基补}=K' \cdot Q_{表}$ 粗算，$Q_{表}$ 为地表水体补给量，K' 为上游山区河川基流与径流的比值。

6.9 行政分区地下水资源量

对泰安市各县（市、区）地下水资源量特征值进行统计分析，泰安市地下水总资源量为 8.860 2亿 m^3。见表 6.6。

表 6.5　泰安市山丘区 2001—2016 年多年平均浅层地下水资源量

单位：面积：km^2，水量：万 m^3/a，模数：万 $m^3/km^2 \cdot a$

地下水Ⅱ级类型区				面积	天然河川基流量（即降水入渗补给量形成的河道排泄量）	实际开采量		潜水蒸发量	山前侧向流出量	山前泉水溢出量	其他排泄量	总排泄量	地下水资源量（即降水入渗补给量）		地下水资源量模数
						合计	其中：开采净消耗量						合计	其中：$M \leqslant 1g/L$	
名称	类型	县级	县级代码	F	(1)	(2)	(3)	(4)	(5)	(6)	(7)	(8)＝(1)＋(3)＋(4)＋(5)＋(6)＋(7)	(9)＝(8)	(10)	(11)＝(9)/F
大汶河山丘区	一般山丘区	泰山区	370902	269	3 673	1 184	630	58	0	0	0	4 361	4 361	4 361	16.2
大汶河山丘区	一般山丘区	岱岳区	370911	1 113	8 325	4 898	2 606	239	1	0	0	11 171	11 171	11 171	10.0
大汶河山丘区	一般山丘区	宁阳县	370921	372	3 079	1 563	684	100	108	0	0	3 970	3 970	3 970	10.7
大汶河山丘区	一般山丘区	新泰市	370982	1 169	4 704	3 482	1 210	183	5 096	0	0	11 194	11 194	11 194	9.6
大汶河山丘区	一般山丘区	肥城市	370983	336	3 220	5 038	1 259	0	10	0	87	4 577	4 577	4 577	13.6
大汶河山丘区	岩溶山区	东平县	370923	300	1 890	2 141	600	545	0	0	0	3 034	3 034	3 034	10.1
大汶河山丘区	岩溶山区	肥城市	370983	381	3 652	1 771	443	0	0	0	0	4 095	4 094	4 094	10.7
湖东山丘区	一般山丘区	宁阳县	370921	240	1 986	2 256	1 383	0	4	0	0	3 373	3 374	3 341	14.1
湖东山丘区	一般山丘区	新泰市	370982	277	2 282	1 731	1 039	0	0	0	0	3 321	3 321	3 321	12.0

表 6.6 泰安市 2001—2016 年多年平均浅层地下水资源量

单位：面积：km²，水量：万 m³/a

行政分区				面积		山丘区				平原区											地下水资源量		平原区河道渗漏补给量与湖库渗漏补给量	平原区渠系渗漏补给量与渠灌田间入渗补给量
省级	地级	县级	县级代码	合计	其中：计算面积	计算面积	地下水资源量（即降水入渗补给量）		其中：河川基流量（即降水入渗补给量形成的河道排泄量）	计算面积	降水入渗补给量	山前侧向补给量	地表水体补给量				其他补给量	地下水资源量		降水入渗补给量形成的河道排泄量				
													跨水资源一级区调水形成的地表水体补给量	本水资源一级区地表水体补给量		合计								
							合计	其中：$M\leqslant$ 1g/L						合计	其中：山丘区河川基流形成的			合计	其中：$M\leqslant$ 1g/L		合计	其中：$M\leqslant$ 1g/L		
				A	$F=F1+F2$	$F1$	(1)	(2)	(3)	$F2$	(4)	(5)	(6)	(7)	(8)	(9)=(6)+(7)	(10)	(11)=(4)+(5)+(9)+(10)	(12)	(13)	(14)=(1)+(11)−(5)−(8)	(15)	(16)	(17)
山东省	泰安市	泰山区	370902	337	320	269	4 361	4 361	3 673	51	856	0	0	118	51	118	7	981	964	125	5 291	5 282	41	77
山东省	泰安市	岱岳区	370911	1 750	1 732	1 113	11 171	11 171	8 325	619	9 528	1	0	1318	567	1 318	81	10 928	10 736	1 397	215 30	21 300	502	816
山东省	泰安市	宁阳县	370921	1 125	1 116	612	7 344	7 344	5 065	504	7 029	112	0	499	223	499	18	7 657	7657	913	14 667	14667	125	374
山东省	泰安市	东平县	370923	1 340	1 144	300	3 034	3 034	1 890	844	8 323	0	64	599	281	662	2	8 987	8948	0	11 740	11 701	213	449
山东省	泰安市	新泰市	370982	1 933	1 892	1446	14514	14 514	6 986	446	5 437	5 096	0	0	0	0	38	10 571	10 571	1 234	19 989	19989	0	0
山东省	泰安市	肥城市	370983	1 277	1 273	717	8 671	8 671	6 872	556	6 397	10	0	483	207	483	39	6 930	4 495	0	15 384	15 384	205	278
全市合计				7 762	7 477	4 457	49 096	49 096	32 650	3 020	37 570	5 220	64	3 017	1 330	3 080	185	46 055	43 371	3 670	88 602	86061	1 086	1 994

7

水资源总量及可利用量

7.1 水资源总量

7.1.1 基本规定

(1) 水资源总量是指当地降水形成的地表和地下产水量，即地表径流量与降水入渗补给量之和。可由地表水资源量加上地下水与地表水资源的不重复量求得。

(2) 水资源总量计算资料系列要求反映 2001 年以来近期下垫面条件，应与地表水资源量分析同步期系列一致。

(3) 水资源总量分析应在完成地表水资源量和地下水资源量分析、分析地表水和地下水之间相互转化关系的基础上进行。提出水资源四级区套县级行政区 1956—2016 年水资源总量系列分析成果，进一步提出三级、四级水资源分区、地级、县级行政分区、重点流域 1956—2016 年水资源总量系列分析成果。

7.1.2 分区水资源总量

(1) 水资源总量可采用下式计算：

$$W = R_s + P_r = R + P_r - R_g$$

式中：W——水资源总量；

R_s——地表径流量(即河川径流量与河川基流量之差)；

P_r——降水入渗补给量(山丘区用地下水总排泄量代替)；

R——河川径流量(即地表水资源量)；

R_g——河川基流量(平原区为降水入渗补给量形成的河道排泄量)；单位均为万 m^3。

公式中各分量可直接采用地表水和地下水资源量分析的系列成果。

(2) 山丘区水资源总量可根据山丘区河川径流量、地下水总排泄量和河川基流量，采用下式计算。

$$W_{总} = R + Q_{总排} - R_g$$

式中：$Q_{总排}$——山丘区地下水总排泄量，即地下水资源量，单位均为万 m^3。

(3) 平原区水资源总量可根据平原区河川径流量、降水入渗补给量和平原河道排泄量，采用以下两个公式计算。

$$W_{总}=R+P_r-Q_{Pr}$$

$$Q_{Pr}\approx Q_{河排}\times(P_r/Q_{总补})$$

式中：Q_{Pr}——降水入渗补给量所形成的河道排泄量；

$Q_{河排}$——平原河道的总排泄量；

$Q_{总补}$——地下水的总补给量；单位均为万 m^3。

(4) 根据近期下垫面条件下的地表水资源量和地下水资源量，提出水资源四级区套县级行政区 1956—2016 年水资源总量系列，并在此基础上进一步计算出三级、四级水资源分区和地级、县级行政分区 1956—2016 年水资源总量系列。

(5) 分别计算三级、四级水资源分区、地级、县级行政分区年水资源总量特征值，包括统计参数（均值、C_v值、C_s/C_v值）及不同频率（$P=20\%$、50%、75%、95%）的年水资源总量。

(6) 利用多年均衡情况下的水量平衡方程式，分析计算各水资源分区水文要素的定量关系。根据降水量（P）、地表径流量（R_s）、降水入渗补给量（P_r）、水资源总量（$W_{总}$）和计算面积（F），计算地表产流系数（R_s/P）、降水入渗补给系数（P_r/P）、水资源总量产水系数（$W_{总}/P$）和产水模数（$W_{总}/F$），并结合降水量和下垫面因素的地带性规律，分析各系数、模数的地区分布情况，检查水资源总量计算成果的合理性。

(7) 应通过分析不同自然地理类型区的降水、地表水、地下水相互转化机理，建立降水量与地表径流、地下径流、潜水蒸发、地表蒸散发等分量的平衡关系，分析实际陆地蒸发量及天然陆地蒸发量，揭示区域的天然水循环规律。

7.1.3 重点流域水资源总量

根据重点流域近期下垫面条件下的地表水资源量和地下水资源与地表水资源不重复量，提出各重点流域 1956—2016 年水资源总量系列。分析计算重点流域年水资源总量特征值，包括统计参数（均值、C_v 值、C_s/C_v 值）及不同频率（$P=20\%$、50%、75%、95%）的年水资源总量。

根据以上计算的地表水和地下水资源量成果，按上式分别计算各分区和分县（市、区）水资源总量系列。

泰安市各分区和各县（市、区）水资源总量计算成果见表 7.1～表 7.4。

表 7.1 泰安市水资源三级区水资源总量特征值表

水资源三级区	计算面积（km^2）	统计年限	年数	统计参数			不同频率水资源总量（万 m^3）			
				年均值（万 m^3）	C_v	C_s/C_v	20%	50%	75%	95%
大汶河区	6 563	1956—2016	61	137 806	0.48	2	188 223	127 379	89 426	49 740
		1956—2000	45	137 976	0.50	2	190 237	126 664	87 454	47 130
		1980—2016	37	128 375	0.53	2	179 426	116 576	78 468	40 272

（续表）

水资源三级区	计算面积（km^2）	统计年限	年数	统计参数			不同频率水资源总量（万 m^3）			
				年均值（万 m^3）	C_v	C_s/C_v	20%	50%	75%	95%
湖东区	1 103	1956—2016	61	20 793	0.51	2	26 644	19 020	13 022	6 906
		1956—2000	45	20 828	0.55	2	29 366	18 770	12 418	6 163
		1980—2016	37	19 733	0.46	2	26 693	18 360	13 104	7 517
花园口以下干流区间	96	1956—2016	61	1 583	0.52	2	2 203	1 443	980	511
		1956—2000	45	1 630	0.53	2	2 101	1 480	996	511
		1980—2016	37	1 474	0.47	2	1 865	1 367	968	547

表 7.2　泰安市水资源四级区水资源总量特征值表

水资源三级区	水资源四级区	计算面积（km^2）	统计年限	年数	统计参数			不同频率水资源总量（万 m^3）			
					年均值（万 m^3）	C_v	C_s/C_v	20%	50%	75%	95%
大汶河区	大汶河区	6 563	1956—2016	61	137 806	0.48	2	188 223	127 379	89 426	49 740
			1956—2000	45	137 976	0.50	2	190 237	126 664	87 454	47 130
			1980—2016	37	128 375	0.53	2	179 426	116 576	78 468	40 272
湖东区	汶宁区	825	1956—2016	61	15 490	0.43	2	20 644	14 547	10 638	6 382
			1956—2000	45	15 384	0.38	2	19 967	14 650	11 149	7 185
			1980—2016	37	14 442	0.43	2	19 247	13 563	9 918	5 950
	邹泗区	278	1956—2016	61	7 397	0.66	2	10 893	6 356	3 809	1 546
			1956—2000	45	7 264	0.62	2	10 540	6 357	3 954	1 734
			1980—2016	37	7 012	0.74	2	10 611	5 781	3 206	1 104
花园口以下干流区间	黄河干流区	96	1956—2016	61	1 583	0.52	2	2 203	1 443	980	511
			1956—2000	45	1 630	0.53	2	2 101	1 480	996	511
			1980—2016	37	1 474	0.47	2	1 865	1 367	968	547
大汶河区		6 563	1956—2016	61	137 806	0.48	2	188 223	127 379	89 426	49 740
			1956—2000	45	137 976	0.50	2	190 237	126 664	87 454	47 130
			1980—2016	37	128 375	0.53	2	179 426	116 576	78 468	40 272
湖东区		1 103	1956—2016	61	20 793	0.51	2	26 644	19 020	13 022	6 906
			1956—2000	45	20 828	0.55	2	29 366	18 770	12 418	6 163
			1980—2016	37	19 733	0.46	2	26 693	18 360	13 104	7 517
黄河干流区间		96	1956—2016	61	1 583	0.52	2	2 203	1 443	980	511
			1956—2000	45	1 630	0.53	2	2 101	1 480	996	511
			1980—2016	37	1 474	0.47	2	1 865	1 367	968	547

表 7.3 泰安市重点流域年水资源总量特征值

重点流域	计算面积 (km^2)	统计年限	年数	统计参数			不同频率水资源总量(万 m^3)			
				年均值(万 m^3)	C_v	C_s/C_v	20%	50%	75%	95%
大汶河流域	6 563	1956—2016	61	137 806	0.48	2	188 223	127 379	89 426	49 740
		1956—2000	45	137 976	0.50	2	190 237	126 664	87 454	47 130
		1980—2016	37	128 375	0.53	2	179 426	116 576	78 468	40 272
南四湖	1 103	1956—2016	61	20 793	0.51	2	26 644	19 020	13 022	6 906
		1956—2000	45	20 828	0.55	2	29 366	18 770	12 418	6 163
		1980—2016	37	19 733	0.46	2	26 693	18 360	13 104	7 517

表 7.4 泰安市各行政区水资源总量特征值表

县级行政区	计算面积 (km^2)	统计年限	年数	统计参数		不同频率水资源总量(万 m^3)			
				C_v	C_s/C_v	20%	50%	75%	95%
泰山区	337	1956—2016	61	0.60	2	12 857	7 885	4 992	2 270
		1956—2000	45	0.76	2	13 706	7 341	3 989	1 317
		1980—2016	37	0.69	2	12 701	7 223	4 206	1 610
岱岳区	1 750	1956—2016	61	0.53	2	53 711	34 897	23 489	12 055
		1956—2000	45	0.52	2	53 216	34 859	23 665	12 347
		1980—2016	37	0.53	2	50 454	32 781	22 065	11 324
肥城市	1 277	1956—2016	61	0.64	2	27 787	16 483	10 061	4 248
		1956—2000	45	0.62	2	28 720	17 324	10 770	4 721
		1980—2016	37	0.54	2	23 282	15 004	10 013	5 054
新泰市	1 933	1956—2016	61	0.60	2	78 985	48 443	30 667	13 943
		1956—2000	45	0.62	2	77 982	47 039	29 244	12 819
		1980—2016	37	0.61	2	77 383	47 068	29 529	13 184
宁阳县	1 125	1956—2016	61	0.53	2	26 940	17 504	11 782	6 047
		1956—2000	45	0.57	2	27 307	17 168	11 162	5 352
		1980—2016	37	0.54	2	24 957	16 083	10 733	5 417
东平县	1 340	1956—2016	61	0.65	2	28 868	16 982	10 270	4 254
		1956—2000	45	0.58	2	29 189	18 201	11 729	5 527
		1980—2016	37	0.50	2	23 504	15 649	10 805	5 823
全市	7 762	1956—2016	61	0.48	2	218 786	148 062	103 947	57 817
		1956—2000	45	0.47	2	218 080	148 788	105 323	59 498
		1980—2016	37	0.51	2	207 191	136 833	93 682	49 681

7.2 水资源总量的合理性检查

泰安市重点流域、水资源分区水资源总量分析系数成果详见表 7.5、表 7.6。根据各分区的多年平均年降水量(P)、地表径流量(R_s)、降水入渗补给量(P_r)、水资源总量($W_{总}$)和计算面积(F),分别计算地表产流系数(R_s/P)、降水入渗补给系数(P_r/P)、产水系数(W/P)和产水模数(W/F),见表7.5。由表中看出,大汶河流域产水系数在0.19~0.20之间,南四湖产水系数为0.03,黄河干流区产水系数为0,根据本区的气候和地形条件分析,各系数的地域分布是合理的。

表7.5 泰安市重点流域水资源总量分析系数表

重点流域	分析年限	计算面积 F(km²)	降水量 P(mm)	地表径流量 R_s(mm)	降水入渗补给量 P_r(mm)	水资源总量 $W_{总}$(mm)	地表产流系数 R_s/P	降水入渗补给系数 P_r/P	水资源总量产水系数 $W_{总}/P$	水资源总量产水模数 $W_{总}/F$(万 m³/km²)
大汶河流域	1956—2016	6 563	700.8	147.3	86.45	137.98	0.21	0.13	0.20	21.02
	1980—2016	6 563	698.9	146.9	91.51	135.71	0.21	0.14	0.20	20.68
	2001—2016	6 563	684.3	134.9	77.48	128.38	0.20	0.12	0.19	19.56
南四湖	1956—2016	1 103	671.6	101.7	14.72	20.79	0.15	0.02	0.03	18.85
	1980—2016	1 103	662.0	100.8	15.21	20.83	0.15	0.02	0.03	18.88
	2001—2016	1 103	657.1	95.4	13.08	19.73	0.15	0.02	0.03	17.89

7.3 地表水资源可利用量

地表水资源可利用量是水资源开发利用规划和管理的科学依据之一,正确估算地表水资源可利用量是水资源调查分析的一项重要工作。地表水资源可利用量指在可预见的时期内,统筹考虑生活、生产和生态环境用水,协调河道内与河道外用水的基础上,通过技术可行的措施在现状下垫面条件下的当地地表水资源量中可供河道外耗用的水量。根据《山东省水资源分析技术细则》,本次地表水资源可利用量采用1980—2016年和2001—2016年两个资料系列。回归水、废污水、再生水等水量不计入地表水资源可利用量。调水工程调水量一律计入调出流域的可利用量,如南水北调调水量计入长江流域可利用量。

根据水利部制定的《地表水资源可利用量估算方法》,本次地表水资源可利用量估算,以水系为单元,保持成果的独立性、完整性。根据细则要求,估算多年平均及中等干旱年(75%)和特枯水年(90%)情况下水资源三级区和全市的地表水资源可利用量。

7.3.1 地表水资源可利用量估算方法

多年平均地表水资源可利用量为地表水资源量扣除河道内生态环境需水量后的水量,采用下式计算:

$$W_{地表水可利用量}=W_{地表水资源量}-W_{生态}$$

式中:$W_{地表水资源量}$为多年平均地表水资源量;$W_{生态}$为河道内生态环境需水量。

河道内生态环境需水量包括河道内基本生态环境需水量和河道内目标生态环境需水量。

表 7.6 泰安市水资源分区水资源总量分析系数表

水资源三级区	水资源四级区	分析年限	计算面积 F(km²)	降水量 P(mm)	地表径流量 R_s(mm)	降水入渗补给量 P_r(mm)	水资源总量 $W_{总}$(mm)	地表产流系数 R_s/P	降水入渗补给系数 P_r/P	水资源总量产水系数 $W_{总}/P$	水资源总量产水模数 $W_{总}/F$(万 m³/km²)
大汶河区	大汶河区	1956—2016	6 563	700.8	147.3	86.45	137.98	0.21	0.13	0.20	21.02
		1956—2000		698.9	146.9	91.51	135.71	0.21	0.14	0.20	20.68
		1980—2016		684.3	134.9	77.48	128.38	0.20	0.12	0.19	19.56
湖东区	汶宁区	1956—2016	825	649.5	66.5	10.16	15.49	0.10	0.02	0.02	18.78
		1956—2000		641.2	66.6	10.16	15.38	0.10	0.02	0.02	18.65
		1980—2016		634.0	56.0	9.21	13.42	0.09	0.01	0.02	16.26
	邹泗区	1956—2016	278	727.7	191.1	4.55	7.40	0.26	0.01	0.01	26.61
		1956—2000		715.0	188.0	5.05	7.26	0.26	0.01	0.01	26.13
		1980—2016		715.8	195.7	3.69	6.45	0.27	0.01	0.01	23.20
黄河干流区间	黄河干流区	1956—2016	96	593.2	56.3	1 043.51	1.58	0.09	1.76	0.00	16.49
		1956—2000		605.7	58.3	1 069.74	1.63	0.10	1.77	0.00	16.98
		1980—2016		556.1	51.6	978.90	1.47	0.09	1.76	0.00	15.36
大汶河区		1956—2016	6 563	700.8	147.3	86.45	137.98	0.21	0.13	0.20	21.02
		1956—2000		698.9	146.9	91.51	135.71	0.21	0.14	0.20	20.68
		1980—2016		684.3	134.9	77.48	128.38	0.20	0.12	0.19	19.56
湖东区		1956—2016	1 103	671.6	101.7	14.72	20.79	0.15	0.02	0.03	18.85
		1956—2000		662.0	100.8	15.21	20.83	0.15	0.02	0.03	18.88
		1980—2016		657.1	95.4	13.08	19.73	0.15	0.02	0.03	17.89
黄河干流区间		1956—2016	96	593.2	56.3	1 043.51	1.58	0.09	1.76	0.00	16.49
		1956—2000		605.7	58.3	1 069.74	1.63	0.10	1.77	0.00	16.98
		1980—2016		556.1	51.6	978.90	1.47	0.09	1.76	0.00	15.36

河道内基本生态环境需水量：是指维持河流、湖泊基本形态、生态基本栖息地和基本自净能力需要保留在河道内的水量及过程。

河道内目标生态环境需水量：是指维持河流、湖泊、生态栖息地给定目标要求的生态环境功能，需要保留在河道内的水量及过程。

不可利用洪水计入目标生态需水量。其他与河流生态有关需求的水量，如调沙、压咸水量，与经济社会发展有关但需要开展河流水量调度且发挥生态效益的水量，如发电、航运等水量，一律计入目标生态需水量。

本次地表水资源可利用量估算系按照水利部制定的《第三次全国水资源调查分析水资源可利用量》中推荐的估算方法。根据泰安市流域水系的特点，地表水资源可利用量的估算方法采用间接算法。

间接算法即通过计算断面和流域目标生态环境需水反算水资源可利用量。核心理念仍然是寻求经济社会和自然生态系统需求的平衡点，从生态系统需求入手，推求目标生态环境需水，兼顾经济社会发展系统。取用天然径流一定百分比，总体上允许目标生态需水量遭到一定程度的破坏。大体上北方地区（松辽、海河、西北、淮河、黄河）在经济社会系统供用耗排后，各断面实测水量保证率达到50%以上。

采用间接算法时，75%频率目标生态需水用多年平均目标生态需水的百分比不变，计算基数调整为75%频率天然径流。90%频率的生态需水直接采用基本生态需水成果即可（但应注意百分比计算的基数）。相应的地表可利用量用对应频率资源量扣除生态需水。

7.3.2 泰安市地表水资源可利用量

泰安市三级区地表水资源可利用量估算，用区内各河道可利用率平均值乘以各三级区的地表水资源量求得，见表7.7。

表7.7 泰安市三级区地表水资源可利用量成果表

水资源分区名称	计算面积（km^2）	频率	地表水资源量（万 m^3）	河道内生态环境需水量（万 m^3）	生态环境需水量占地表水资源量百分比（%）	地表水资源可利用量（万 m^3）	地表水资源可利用率（%）	备注
(1)	(2)	(3)	(4)	(5)	(6)	(7)	(8)	(9)
大汶河区	6 563	1980—2016年多年平均	88 517	44 967	50.8	43 550	49.2	
		2001—2016年多年平均	97 334	49 446	50.8	47 888	49.2	
		75%	43 635	22 167	50.8	21 468	49.2	
		95%	16 704	8 486	50.8	8 218	49.2	
黄河干流区	96	1980—2016年多年平均	495.5	252	50.8	244	49.2	
		2001—2016年多年平均	483.9	246	50.8	238	49.2	
		75%	91	46	50.8	45	49.2	
		95%	9	5	50.8	4	49.2	

（续表）

水资源分区名称	计算面积（km^2）	频率	地表水资源量（万 m^3）	河道内生态环境需水量（万 m^3）	生态环境需水量占地表水资源量百分比（%）	地表水资源可利用量（万 m^3）	地表水资源可利用率（%）	备注
(1)	(2)	(3)	(4)	(5)	(6)	(7)	(8)	(9)
汶宁区	792	1980—2016 年多年平均	4 438	1 509	34.0	2 929	66.0	
		2001—2016 年多年平均	5 251	1 785	34.0	3 466	66.0	
		75%	1 935	658	34.0	1 277	66.0	
		95%	625.0	213	34.0	413	66.0	
邹泗区	311	1980—2016 年多年平均	6 085	2 069	34.0	4 016	66.0	
		2001—2016 年多年平均	6 220	2 115	34.0	4 105	66.0	
		75%	2 655	903	34.0	1 752	66.0	
		95%	856	291	34.0	565	66.0	
大汶河区	6 563	1980—2016 年多年平均	88 517	44 967	50.8	43 550	49.2	
		2001—2016 年多年平均	97 334	49 446	50.8	47 888	49.2	
		75%	43 635	22 167	50.8	21 468	49.2	
		95%	16 704	8 486	50.8	8 218	49.2	
花园口以下干流区间	96	1980—2016 年多年平均	495.5	252	50.8	244	49.2	
		2001—2016 年多年平均	483.9	246	50.8	238	49.2	
		75%	91.0	46	50.8	45	49.2	
		95%	9.0	5	50.8	4	49.2	
湖东区	1 103	1980—2016 年多年平均	10 523	3 578	34.0	6 945	66.0	
		2001—2016 年多年平均	11 471	3 900	34.0	7 571	66.0	
		75%	4 961	1 687	34.0	3 274	66.0	
		95%	1 785	607	34.0	1 178	66.0	

注：表内为当地地表水资源可利用量。

7.4 地下水可开采量

地下水可开采量是指在可预见的时期内，通过经济合理、技术可行的措施，在不致引起生态环境恶化的条件下，允许从含水层中获取的最大水量。多年平均地下水总补给量是多年平均地下水可开采量的上限值。

7.4.1 平原区浅层地下水可开采量

泰安市平原区可开采量计算，是在多年平均浅层地下水资源量表的基础上，按下面公式近似计算多年平均地下水可开采量。

$$Q_{平可开采} = Q_{平实采} + \Delta W$$

式中：$Q_{平可开采}$、$Q_{平实采}$、ΔW 分别为多年平均地下水可开采量、2001—2016 年多年平均实际开采量、多年平均地下水蓄变量，单位均为万 m^3。

计算后，与实际开采量、地下水埋深等资料进行了对比，表明可开采量计算结果合理。

泰安市平原区多年平均浅层地下水可开采量成果见表 7.8、7.9。

表 7.8　泰安市平原区多年平均浅层地下水可开采量(按行政分区)

单位：面积(km^2)，水量(万 m^3)，模数(万 m^3/km^2)

年限	行政分区		面积	地下水总补给量	地下水可开采量	地下水可开采量模数	地下水可开采量计算方法	备注
	地级	县级						
2001—2016	泰安市	泰山区	51	1 023	725	14.22	可开采系数法	
		岱岳区	619	11 391	8 802	14.22	可开采系数法	
		宁阳县	504	8 039	6 542	12.98	可开采系数法	
		东平县	844	9 880	8 599	10.19	可开采系数法	
		新泰市	446	10 879	9 546	21.40	可开采系数法	
		肥城市	556	7 720	6 794	12.22	可开采系数法	
	全市合计		3 020	48 932	41 008	13.58	可开采系数法	

表 7.9　泰安市平原区多年平均浅层地下水可开采量(重点流域)

单位：面积(km^2)，水量(万 m^3)，模数(万 m^3/km^2)

年限	重点流域	重点流域所在		平原区面积		地下水总补给量	地下水资源量	地下水可开采量	地下水可开采量模数	地下水可开采量分析方法	备注
		水资源二级区	地级行政区	合计	其中：计算面积						
				A	F	(1)	(2)	(3)	(4)=(3)/F	(5)	
2001—2016	大汶河	花园口以下区	泰安市	2 627	2 342	39 983	37 619	29 536	12.61	水均衡法	
	南四湖	沂沭泗河区		582	582	7 788	7 382	7 316	12.57	水均衡法	

7.4.2　山丘区地下水可开采量

泰安市山丘区地下水可开采量采用可开采系数法进行计算。可开采系数(ρ)是指某一地区的地下水可开采量($Q_{可开}$)与该地区的地下水总补给量($Q_{总补}$)的比值，即 $\rho=Q_{可开}/Q_{总补}$。确定了可开采系数 ρ，即可根据地下水总补给量 $Q_{总补}$，确定出相应的可开采量 $Q_{可开}$，即 $Q_{可开}=\rho\cdot Q_{总补}$。

式中：ρ 为分析单元的地下水可开采系数，无量纲；$Q_{可开}$、$Q_{总补}$ 分别为分析单元的多年平均地下水可开采量、多年平均地下水总补给量，单位均为万 m^3。

结合近年地下水实际开采量及地下水埋深等资料，并经水均衡法或实际开采量调查法典型核算后，合理选取了地下水可开采系数成果。

泰安市山丘区多年平均地下水可开采量成果详见表 7.10、7.11；泰安市 2001—2016 年多年平均浅层地下水可开采量详见表 7.12、7.13。

表 7.10 泰安市山丘区多年平均浅层地下水可开采量(行政分区)

单位:面积(km^2),水量(万 m^3),模数(万 m^3/km^2)

年限	行政分区		山丘区面积		地下水资源量	地下水可开采量	地下水可开采量模数	地下水可开采量分析方法	备注
	地级	县级	合计	其中:计算面积					
			A	F	(1)	(2)	(3)=(2)/F	(4)	
2001—2016	泰安市	泰山区	269	269	4 361	3 053	11.35	可开采系数法	
		岱岳区	1 113	1 113	11 171	7 820	7.03	可开采系数法	
		肥城市	717	717	8 671	6 070	8.47	可开采系数法	
		新泰市	1 447	1 446	14 514	8 779	6.07	可开采系数法	
		宁阳县	612	612	7 344	4 009	6.55	可开采系数法	
		东平县	300	300	3 034	2 133	7.11	可开采系数法	
合计			4 458	4 457	49 095	31 864	7.15	可开采系数法	

表 7.11 泰安市山丘区多年平均浅层地下水可开采量(重点流域)

单位:面积(km^2),水量(万 m^3),模数(万 m^3/km^2)

年限	重点流域	重点流域所在	山丘区面积		地下水资源量	地下水可开采量	地下水可开采量模数	地下水可开采量分析方法	备注
		水资源二级区	合计	其中:计算面积					
			A	F	(1)	(2)	(3)=(2)/F	(4)	
2001—2016	大汶河	花园口以下区	3 940	3 940	42 415	30 039	7.62	可开采系数法	
	南四湖	沂沭泗河区	518	517	6 694	4 686	9.06	可开采系数法	

7.4.3 地下水可开采量分析成果与二次分析成果比较

1. 降水量

① 大汶河区

二次分析大汶河区降雨量为 702.7 mm,本次分析为 676.5 mm。本次分析比二次分析偏少 3.7%。

② 湖东区

二次分析湖东区降雨量为 613.2 mm,本次分析为 671.6 mm。本次分析比二次分析偏多 9.5%。

2. 山丘区及平原区可开采系数

① 大汶河区

二次分析大汶河区平原区可开采系数为 0.79,本次分析为 0.78,成果合理。

二次分析大汶河山丘区可开采系数为 0.76,本次分析为 0.65,原因为:本次分析山丘区计算面积为 3 940 km^2,二次分析为 5 557 km^2,本次计算研究范围减小,分出去的部分可开采能力强,本次计算范围可开采能力弱,结果合理。

② 湖东区

二次分析湖东区平原区可开采系数为 0.74,本次分析为 0.9,原因为:湖东区降雨量比二次分析降雨量多,补给的地下水资源量大,可开采量也相应变大,且湖东区中宁阳县存在

表 7.12　泰安市 2001—2016 年多年平均浅层地下水可开采量(矿化度 $M \leqslant 2$ g/L,按行政分区)

单位:面积(km^2),水量(万 m^3),模数(万 m^3/km^2)

县(市、区)r	面积		平原区				山丘区				合计	
	合计	其中:计算面积	计算面积	地下水总补给量	地下水可开采量	地下水可开采量模数	计算面积	地下水资源量	地下水可开采量	地下水可开采量模数	地下水可开采量	其中:山丘区与平原区可开采量间重复计算量
	A	$F=F_1+F_2$	F_1	(1)	(2)	(3)=(2)/F_1	F_2	(4)	(5)	(6)=(5)/F_2	(7)=(2)+(5)−(8)	(8)
泰山区	337	320	51	1 023	725	14.22	269	4 361	3 053	11.35	3 742	36
岱岳区	1 750	1 732	619	11 391	8 802	14.22	1 113	11 171	7 820	7.03	16 182	440
宁阳县	1 125	1 116	504	8 039	6 542	12.98	612	7 344	4 009	6.55	10 279	272
东平县	1 340	1 144	844	9 880	8 599	10.19	300	3 034	2 133	7.11	10 517	215
新泰市	1 933	1 892	446	10 879	9 546	21.40	1 446	14 514	8 779	6.07	14 078	4 247
肥城市	1 277	1 273	556	7 720	6 794	12.22	717	8 671	6 070	8.47	12 673	191
泰安市	7 762	7 477	3 020	48 932	41 008	13.58	4 457	49 095	31 864	7.15	67 470	5 402

表 7.13　泰安市 2001—2016 年多年平均浅层地下水可开采量(矿化度 $M \leqslant 2$ g/L,按水资源分区)

面积:km^2,水量:万 m^3/a,模数:万 $m^3/km^2 \cdot a$

水资源分区				行政分区			面积		平原区				山丘区				合计	
一级区	二级区	三级区	三级区代码	省级	地级	地级市代码	合计	其中:计算面积	计算面积	地下水总补给量	地下水可开采量	地下水可开采量模数	计算面积	地下水资源量	地下水可开采量	地下水可开采量模数	地下水可开采量	其中:山丘区与平原区可开采量间重复计算量
							A	$F=F_1+F_2$	F_1	(1)	(2)	(3)=(2)/F_1	F_2	(4)	(5)	(6)=(5)/F_2	(7)=(2)+(5)−(8)	(8)
黄河区	花园口以下区	大汶河区	D070200	山东省	泰安市	370 900	6 563	6 282	2 342	39 983	33 061	14.1	3 940	42 402	27 847	7.1	55 708	5 200
黄河区	花园口以下区	花园口以下干流区间	D070300	山东省	泰安市	370 900	96	96	96	1 162	1 020	10.6					1 020	0
淮河区	沂沭泗河区	湖东区	E040100	山东省	泰安市	370 900	1 103	1 099	582	7 788	6 927	11.9	517	6 694	4 017	7.8	10 742	202
合计							7 762	7 477	3 020	48 933	41 008	37	4 457	49 096	31 864	7.1	67 470	5 402

超采区，造成可开采系数偏大。

二次分析湖东区山丘区可开采系数为0.54，本次分析为0.70，结果与二次分析相比变大，原因为计算系列不一致，降雨量变化导致，计算结果合理。

3. 可开采模数

① 大汶河区

二次分析大汶河区平原区可开采模数为15.3万m^3/km^2，本次分析为12.6万m^3/km^2，可开采模数减小17.6%，原因为：本次分析面积为2 342 km^2，二次分析为1 006 km^2，本次分析平原区面积增大，包含了二次分析中部分山丘区面积，山丘区面积减小，造成平原区总体可开采模数减小，成果合理。

二次分析大汶河区山丘区可开采模数为7.7万m^3/km^2，本次分析为7.1万m^3/km^2，结果合理。

② 湖东区

二次分析湖东区平原区可开采模数为11.4万m^3/km^2，本次分析为12.1万m^3/km^2，造成变化的原因也与山丘区平原区的划定面积有关。

二次分析湖东区山丘区可开采模数为7.7万m^3/km^2，本次分析为7.8万m^3/km^2，结果与二次分析相差不大，计算结果合理。

4. 地下水可开采量

① 大汶河区

二次分析大汶河区平原区地下水可开采量为15 366万m^3，本次分析为29 536万m^3，地下水可开采量增加92%，原因为：本次分析面积为2 342 km^2，二次分析为1 006 km^2，本次分析平原区面积增大一倍多，成果合理。

二次分析大汶河区山丘区地下水可开采量为42 690万m^3，本次分析为30 039万m^3，减少原因为分析区面积减少，计算结果合理。

② 湖东区

二次分析湖东区平原区地下水可开采量为5 628万m^3，本次分析为7 316万m^3，造成变化的原因为本次划定的湖东区平原区面积增大，计算结果合理。

二次分析湖东区山丘区地下水可开采量为4 711万m^3，本次分析为4 686万m^3，本次分析计算面积比二次分析略有减少，计算结果合理。

7.5 水资源可利用量

7.5.1 基本要求

(1) 水资源可利用量分析主要包括地表水资源可利用量、地下水资源可开采量和水资源可利用总量三方面工作。

(2) 地表水资源可利用量和水资源可利用总量的分析计算以流域水系为单元进行，以反映流域上下游、干支流、左右岸之间以及地下水与地表水之间的联系和整体性。分别提交水资源分区和重点流域多年平均成果。

（3）地下水可开采量有关内容见7.4节。

（4）分析计算75%、90%不同频率地表水资源可利用量，用以分析中等干旱年及特枯水年水资源开发利用状况。

（5）对计算成果应进行合理性分析，并对不同河流及其上下游之间，地表水资源量和水资源总量，多年平均与不同频率的可利用量及可利用率成果进行综合协调与平衡分析。

7.5.2 多年平均地表水资源可利用量

（1）地表水资源可利用量指在可预见的时期内，统筹考虑生活、生产和生态环境用水，协调河道内与河道外用水的基础上，通过技术可行的措施在现状下垫面条件下的当地地表水资源量中可供河道外耗用的水量。回归水、废污水、再生水等水量不计入地表水资源可利用量。

（2）多年平均地表水资源可利用量为地表水资源量扣除河道内生态环境需水量后的水量。采用下式计算：

$$W_{地表水可利用量} = W_{地表水资源量} - W_{生态需水}$$

式中：$W_{地表水资源量}$为多年平均地表水资源量；$W_{生态需水}$为河道内生态环境需水量。

（3）河道内生态环境需水量包括河道内基本生态环境需水量和河道内目标生态环境需水量。河道内基本生态环境需水量是指维持河流、湖泊基本形态、生态基本栖息地和基本自净能力需要保留在河道内的水量及过程；河道内目标生态环境需水量是指维持河流、湖泊、生态栖息地给定目标要求的生态环境功能，需要保留在河道内的水量及过程；其中给定目标是指维持河流输沙、水生生物、防潮压咸、航运等功能所对应的功能。河道内生态环境需水量按照《河湖生态环境需水计算规范》(SL/Z712—2014)计算。

（4）在估算多年平均地表水资源可利用量时，各地的河道内生态环境需水量应根据流域水系的特点和水资源条件进行确定。对水资源较丰沛、开发利用程度较低的地区，生态需水量宜按照较高的生态环境保护目标确定。对水资源紧缺、开发利用程度较高的地区，应根据水资源条件合理确定生态环境需水量。

（5）水资源可利用量一般应在长系列来水基础上，扣除相应的河道内生态环境需水量，结合可预见时期内用水需求和水利工程的调蓄能力进行调节计算。因资料条件所限难以开展长系列水资源调算的，可参考相应河流水系的流域综合规划或中长期供求规划，依据规划中提出的生态保护目标和供水（含调水）工程布局，核算调蓄能力，综合分析确定。

（6）各市按水资源分区和重点流域进行计算并提交相应成果。

7.5.3 不同频率地表水资源可利用量

（1）在多年平均地表水资源可利用量复核与分析的基础上，分析计算不同频率地表水资源可利用量，用以分析不同频率情况下，特别是中等干旱年（来水频率$P=75\%$）及特枯水年（来水频率$P=90\%$）可利用的水资源状况。

（2）在确定多年平均河道内生态环境需水量的基础上，参考《河湖生态环境需水计算规范》(SL/Z712—2014)分析不同频率来水条件下的河道内生态环境需水量，对采用目标生态环境需水量的河流水系,特枯水年可采用基本生态环境需水量。

(3) 因资料条件所限难以开展长系列调算的河流水系,可采用有资料地区的折算系数参照计算。

(4) 不同频率地表水资源可利用量的频率是指来水频率,是针对特定的分析河流水系或控制断面。成果汇总时不能用同频率成果简单相加得出更大流域范围的可利用量成果,也不能将流域的成果进行分解,得出流域内不同区域的成果。但上下游、相邻流域的可利用率成果应相互协调,可相互参照比用。

(5) 不同频率地表水资源可利用量计算出结果。

7.5.4 水资源可利用总量

(1) 本次分析确定的水资源可利用总量,是指在近期下垫面条件下和可预见的时期内,统筹考虑生活、生产和生态环境用水,通过技术可行的措施,在当地现状下垫面条件下的水资源总量中可供经济社会取用的最大水量。要求估算1980—2016年和2001—2016年系列多年平均情况下的水资源可利用总量。

(2) 水资源可利用总量采用地表水资源可利用量与浅层地下水资源可开采量相加再扣除两者之间重复计算量的方法计算。

两者之间的重复计算量主要来自平原区浅层地下水资源量分析中的地表水体补给量和山丘区河川基流量所形成的可开采量。地表水体补给量包括河道渗漏补给量、库塘渗漏补给量、渠系渗漏补给量、渠灌田间入渗补给量等;但在地表水可利用量计算中,已扣除合理的生态环境需水量,该水量中已包括了河道、湖泊、水库、塘坝等渗漏补给量,因此重复计算量仅包括引用地表水灌溉引起的渠系和渠灌田间渗漏补给量的可开采部分。

多年平均水资源可利用总量计算公式:

$$W_{可利用总量} = W_{地表水资源可利用量} + W_{地下水资源可开采量} - W_{重复量}$$

$$W_{重复量} = \rho_{平可} \times (W_{渠渗} + W_{田渗}) + \rho_{山可} \times W_{山基}$$

式中:$W_{可利用总量}$——多年平均水资源可利用总量;

$W_{地表水资源可利用量}$——多年平均地表水资源可利用量;

$W_{地下水资源可开采量}$——多年平均浅层地下水资源可开采量;

$W_{重复量}$——多年平均重复计算量;

$W_{渠渗}$——多年平均引用地表水灌溉的渠系渗漏补给量;

$W_{田渗}$——多年平均田间地表水灌溉入渗补给量;

$W_{山基}$——多年平均山丘区河川基流量;

以上各量单位均为万 m^3。

$\rho_{平可}$、$\rho_{山可}$为平原区、山丘区浅层地下水可开采系数,可直接采用地下水可开采量分析成果中的系数。

多年平均地表水资源可利用量直接采用本次水资源三级区及重点流域1980—2016年和2001—2016年多年平均成果。

多年平均地下水资源可开采量,2001—2016年采用本次水资源三级区及重点流域分析成果，详见表 7.15。1980—2000 年可开采量，需修正到 2001—2016 年下垫面条件，修正项为降水入渗补给量 P_r，采用本次分析修正后的成果。

(3) 上述方法和公式计算得到的水资源可利用总量包括跨水资源一级区外流域调水对本地地下水的补给形成可利用量，但需在分析可利用量时将这部分补给量形成的可利用量单列计算。

跨水资源一级区外流域调水对本地地下水的补给形成可利用量计算，根据本水资源三级区、重点流域跨水资源一级区调水形成的地表水体补给量乘以本区可开采系数，可开采系数采用已分析的地下水成果中的系数。

(4) 本次分析仅进行水资源三级区、重点流域多年平均水资源可利用总量计算。

泰安市行政分区年水资源总量特征值见表 7.14；泰安市水资源分区年水资源总量特征值见表 7.2；泰安市重点流域年水资源总量特征值见表 7.3；泰安市水资源分区多年平均水资源可利用量和可利用率成果见表 7.15 泰安市重点流域多年平均水资源可利用量和可利用率成果见表 7.16。

表 7.14　泰安市行政分区年水资源总量特征值

地级行政区	县级行政区	计算面积 (km^2)	统计年限	年数	统计参数			不同频率水资源总量(万 m^3)			
					年均值 (万 m^3)	C_v	C_s/C_v	20%	50%	75%	95%
泰安市	泰山区	337	1956—2016	61	8 931	0.60	2	12 857	7 885	4 992	2 270
			1956—2000	45	9 002	0.76	2	13 706	7 341	3 989	1 317
			1980—2016	37	8 532	0.69	2	12 701	7 223	4 206	1 610
	岱岳区	1 750	1956—2016	61	38 429	0.53	2	53 711	34 897	23 489	12 055
			1956—2000	45	38 246	0.52	2	53 216	34 859	23 665	12 347
			1980—2016	37	36 099	0.53	2	50 454	32 781	22 065	11 324
	肥城市	1 277	1956—2016	61	19 006	0.64	2	27 787	16 483	10 061	4 248
			1956—2000	45	19 794	0.62	2	28 720	17 324	10 770	4 721
			1980—2016	37	16 585	0.54	2	23 282	15 004	10 013	5 054
	新泰市	1 933	1956—2016	61	54 868	0.60	2	78 985	48 443	30 667	13 943
			1956—2000	45	53 747	0.62	2	77 982	47 039	29 244	12 819
			1980—2016	37	53 542	0.61	2	77 383	47 068	29 529	13 184
	宁阳县	1 125	1956—2016	61	19 275	0.53	2	26 940	17 504	11 782	6 047
			1956—2000	45	19 203	0.57	2	27 307	17 168	11 162	5 352
			1980—2016	37	17 778	0.54	2	24 957	16 083	10 733	5 417
	东平县	1 340	1956—2016	61	19 673	0.65	2	28 868	16 982	10 270	4 254
			1956—2000	45	20 442	0.58	2	29 189	18 201	11 729	5 527
			1980—2016	37	17 047	0.5	2	23 504	15 649	10 805	5 823
泰安市		7 762	1956—2016	61	160 182	0.48	2	218 786	148 062	103 947	57 817
			1956—2000	45	160 434	0.47	2	218 080	148 788	105 323	59 498
			1980—2016	37	149 583	0.51	2	207 191	136 833	93 682	49 681

表 7.15　泰安市水资源分区多年平均水资源可利用量和可利用率成果表

单位：万 m^3

地级行政区	水资源三级区	计算面积（km^2）	年限	地表水资源量	水资源总量	河道内生态环境需水量	生态需水占比（%）	地表水资源可利用量	地表水资源可利用率（%）	平原区地下水可开采量	山丘区地下水可开采量	重复量	水资源可利用总量	水资源总量可利用率（%）	备注
泰安市	大汶河	6 563	1980—2016年多年平均	88 517	128 689	44 967	50.8	43 550	49.2	31 336	37 144	28 307	83 723	65.1	
			2001—2016年多年平均	97 334	109 231	49 446	50.8	47 888	49.2	33 016	27 847	48 966	59 785	54.7	
泰安市	花园口以下干流区间	96	1980—2016年多年平均	496	609	252	50.8	244	49.2	933	0	819	358	58.8	采用目标生态环境需水量
			2001—2016年多年平均	484	566	246	50.8	238	49.2	1 020	0	938	320	56.5	
泰安市	湖东区	1 103	1980—2016年多年平均	10 523	17 230	3 578	34.0	6 945	66	9 816	4 285	7 394	13 652	79.2	
			2001—2016年多年平均	11 147	17 205	3 900	34.0	7 571	66	6 927	4 017	4 886	13 629	79.2	

表 7.16　泰安市重点流域多年平均水资源可利用量和可利用率成果表

单位：万 m^3

地级行政区	重点流域	计算面积（km^2）	年限	地表水资源量	水资源总量	河道内生态环境需水量	生态需水占比（%）	地表水资源可利用量	地表水资源可利用率（%）	平原区地下水可开采量	山丘区地下水可开采量	重复量	水资源可利用总量	水资源总量可利用率（%）	备注
泰安市	大汶河	6 563	1980—2016年多年平均	88 517	128 689	44 967	50.8	43 550	49.2	31 336	37 144	28 307	83 723	65.1	
			2001—2016年多年平均	97 334	109 231	49 446	50.8	47 888	49.2	33 016	27 847	48 966	59 785	54.7	采用目标生态环境需水量
泰安市	南四湖	1 103	1980—2016年多年平均	10 523	17 230	3 578	34.0	6 945	66	9 816	4 285	7 394	13 652	79.2	
			2001—2016年多年平均	11 147	17 205	3 900	34.0	7 571	66	6 927	4 017	4 886	13 629	79.2	

8

水资源开发利用状况

本次水资源开发利用状况分析所采用的资料数据均来自历年泰安市水资源公报的数据，在实际运用过程中对历年泰安市水资源公报的数据进行了分析处理。

8.1 供水量分析

8.1.1 泰安市供水情况

1. 泰安市多年供水分析

供水量按水源类型不同分为地表水、地下水和其他水源，根据 2001—2016 年泰安市近 16 年的供水情况统计分析，全市多年平均总供水量为 116 181 万 m^3，其中地表水 39 344 万 m^3，占总供水量的 34%；地下水供水量 69 950 万 m^3，占总供水量的 60%；其他水源供水量6 887 万 m^3，占总供水量的 6%。按供水工程分类，全市多年地下水供水量是地表水供水量的 1.78 倍；在地表水供水量中，蓄水工程供水量占 56.2%，引水工程占 30.8%，提水工程占 10.2%，跨流域调水占 2.8%；在地下水供水量中，几乎全部为浅层水。泰安市历年供水情况见表 8.1，泰安市多年平均供水组成见图 8-1。

由历年供水情况可以看出，2001—2011 年总供水量基本呈一路上升趋势在 2011 年达到最大，自 2012 年开始逐年减少，近两年泰安市总供水量趋于平稳。地下水供水量基本呈逐年递减趋势，地表水供水量在稳步上升，在 2014—2016 年基本稳定，污水处理回用、雨水利用及微咸水等其他水源自 2012 年开始逐年增加。详见图 8-2。

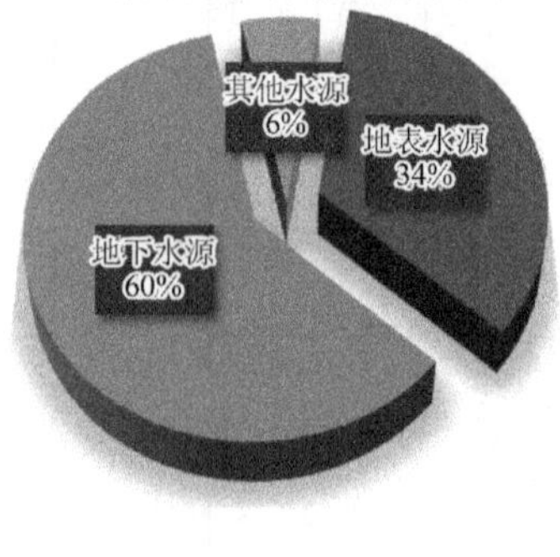

图 8-1 泰安市多年平均供水组成图

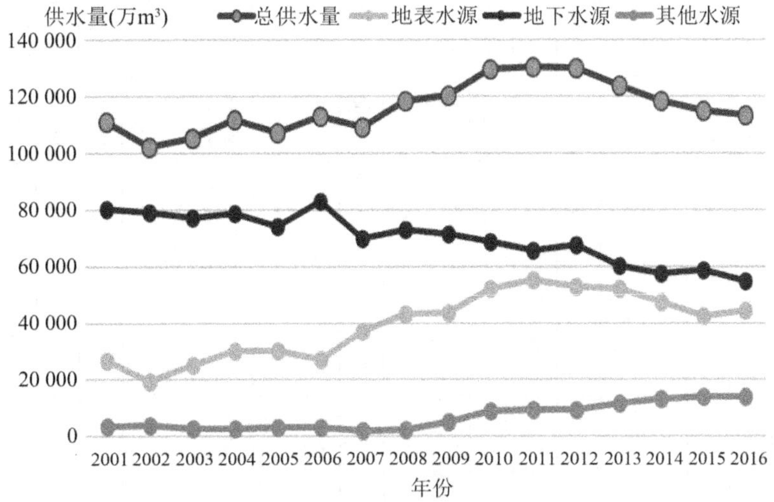

图 8-2 泰安市历年供水量趋势图

2. 泰安市现状年供水情况

现状年 2016 年全市总供水量为 113 364 万 m^3。其中地表水 44 500 万 m^3，占总供水量的 39%；地下水供水量 54 686 万 m^3，占总供水量的 48%，全部为浅层水；其他水源供水量 14 178 万 m^3，占总供水量的 13%。详见图 8-3。

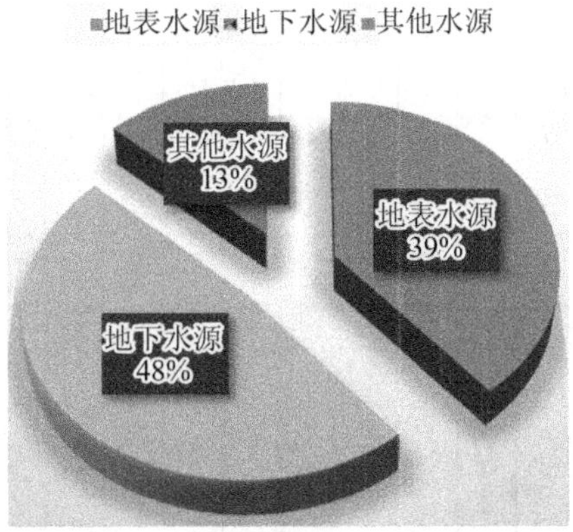

图 8-3 泰安市现状年供水组成图

8.1.2 各分区供水情况

1. 泰安市各行政分区多年供水情况分析

泰安市分泰山区、岱岳区、新泰市、肥城市、宁阳县和东平县 6 个县市区，根据各县市区 2001—2016 年的供水情况统计分析出各行政区多年平均供水量，详见表 8.2；由各县市区多年供水情况可以看出，除泰山区地表水源供水量略高于地下水水源，其他县市区地下水供水量占总水量的 54%～75%之间，其中东平县地下水供水量占总水量的 74.9%，详见图 8-4。

表 8.1　泰安市历年供水量统计表

单位：万 m^3

年份	地表水源供水量						地下水源供水量			其他水源供水量					总供水量
	蓄水	引水	提水	跨流域调水		小计	浅层水	深层承压水	小计	污水处理回用	雨水利用	微咸水利用	海水淡化	小计	
				调入量	调出流域名称										
	(1)	(2)	(3)	(4)	(5)	(6)	(7)	(8)	(9)	(10)	(11)	(12)	(13)	(14)	(15)
2001	13 540	7 919	4 672	660	黄河	26 791	80 369	0	80 369	3 786	0	0	0	3 786	110 946
2002	11 775	3 384	3 682	507	黄河	19 348	79 216	0	79 216	2 386	0	1 417	0	3 803	102 367
2003	16 592	4 217	3 892	380	黄河	25 081	77 338	0	77 338	1 550	0	1 279	0	2 829	105 248
2004	17 895	6 767	5 210	385	黄河	30 257	78 736	0	78 736	1 630	0	1 137	0	2 767	111 760
2005	20 238	6 061	3 460	450	黄河	30 209	74 084	0	74 084	2 210	0	830	0	3 040	107 333
2006	16 319	8 376	1 914	385	黄河	26 994	82 861	0	82 861	2 430	0	807	0	3 237	113 092
2007	21 628	10 710	3 732	1 224	黄河	37 294	69 841	0	69 841	1 301	0	756	0	2 057	109 192
2008	20 881	12 513	3 877	5 863	黄河	43 135	72 821	0	72 821	1 392	200	759	0	2 351	118 306
2009	21 117	18 261	4 191	0		43 569	71 487	0	71 487	3 660	800	803	0	5 263	120 319
2010	26 965	20 086	5 072	0		52 123	68 521	0	68 521	6 005	1 200	1 609	0	8 814	129 458
2011	28 919	22 042	2 806	1 446	黄河	55 213	65 630	0	65 630	5 174	4 382	0	0	9 556	130 399
2012	29 178	15 403	6 109	2 236	黄河	52 926	67 640	0	67 640	4 409	5 024	0	0	9 433	129 999
2013	32 209	15 397	3 609	801	黄河	52 016	60 057	0	60 057	8 956	2 817	0	0	11 773	123 846
2014	28 067	14 156	3 861	1 532	黄河	47 616	57 383	0	57 383	10 936	2 452	0	0	13 388	118 387
2015	24 010	13 517	3 861	1 044	黄河	42 432	58 536	0	58 536	10 909	3 012	0	0	13 921	114 889
2016	24 618	14 896	3 954	1 032	黄河	44 500	54 686	0	54 686	10 981	3 197	0	0	14 178	113 364
均值	22 122	12 107	3 994	1 122		39 344	69 950	0	69 950	4 857	1 443	587	0	6 887	116 182

表 8.2 各行政分区多年平均供水量统计表

单位：万 m^3

县市区	地表水源供水量						地下水源供水量			其他水源供水量					总供水量
	蓄水	引水	提水	跨流域调水		小计	浅层水	深层承压水	小计	污水处理回用	雨水利用	微咸水利用	海水淡化	小计	
				调入量	调出流域名称										
泰山区	2 966	1 113	109	307	0	4 495	3 900	0	3 900	1 380	270	0	0	1 651	10 045
岱岳区	4 682	1 275	1 442	0	0	7 399	12 023	0	12 023	857	227	537	0	1 621	21 043
宁阳县	2 201	3 035	21	0	0	5 257	13 412	0	13 412	469	114	0	0	583	19 252
东平县	343	2 932	368	159	0	3 803	13 066	0	13 066	339	233	0	0	572	17 441
新泰市	8 983	913	268	0	0	10 164	12 304	0	12 304	288	18	0	0	306	22 773
肥城市	2 701	2 379	1 656	655	0	7 391	15 247	0	15 247	2 567	425	0	0	2 992	25 629

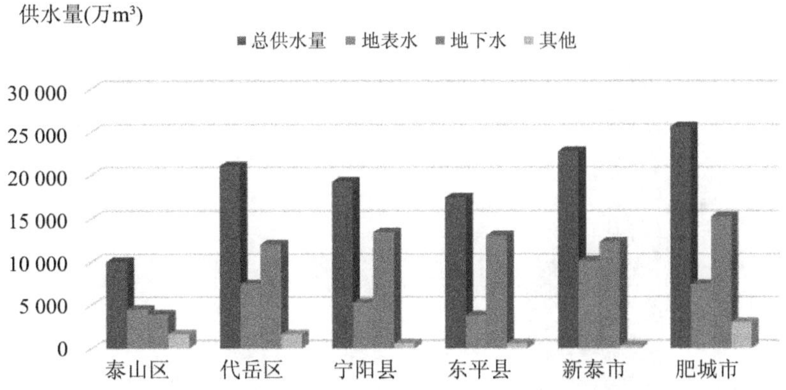

图 8-4 泰安市各行政分区多年平均供水量比较图

2. 按水资源三级分区多年供水分析

泰安市按水资源三级分区分为大汶河区、花园口以下干流区间区和南四湖区。根据各水资源三级区 2001—2016 年的供水情况统计分析出各水资源三级区多年平均供水量，详见表 8.3。由各水资源三级区多年供水情况可以看出，泰安市主要供水来源于大汶河区，占全市总供水量的 83%，其次为南四湖区占全市总水量的 15%，花园口以下干流区间区仅占总供水量的 2%见图 8-5。

8.2 用水量分析

用水量指分配给用户的包括用水损失在内的毛用水量。按用户特性分为农业用水、工业用水、生活用水和人工生态与环境用水四大类。农业用水包括农田灌溉和林牧渔畜用水，生活用水包括城镇居民用水、农村居民用水、服务业用水和建筑业用水，工业用水包括火电用水和非火电用水，人工生态与环境用水包括城镇环境用水和河湖补水。

表 8.3　各水资源三级区多年平均供水量统计表　　单位：万 m^3

水资源三级区	地表水源供水量						地下水源供水量			其他水源供水量					总供水量
	蓄水	引水	提水	跨流域调水		小计	浅层水	深层承压水	小计	污水处理回用	雨水利用	微咸水利用	海水淡化	小计	
				调入量	调出量										
	(1)	(2)	(3)	(4)	(5)	(6)	(7)	(8)	(9)	(10)	(11)	(12)	(13)	(14)	(15)
大汶河	19 798	8 906	3 823	1 053	0	33 579	56 877	0	56 877	4 241	1 342	587	0	6 170	96 626
花园口以下干流区间	0	698	87	39	0	823	1 233	0	1 233	82	57	0	0	139	2 195
南四湖	2 324	2 503	84	30	0	4 942	11 841	0	11 841	534	44	0	0	578	17 360

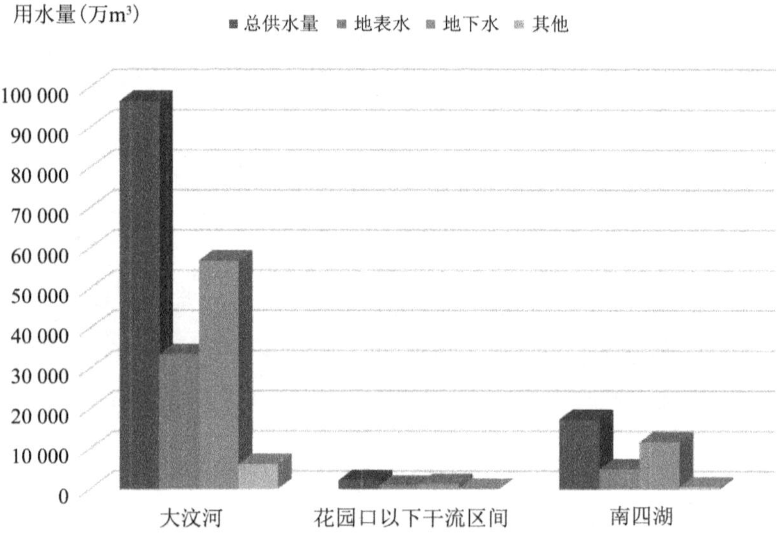

图 8-5　泰安市各水资源三级区多年平均供水量比较图

8.2.1　泰安市用水情况

1. 泰安市多年用水分析

根据 2001—2016 年泰安市近 16 年的用水情况，按用水部门统计分析全市多年平均总用水量为 116 182 万 m^3；其中，农业用水量 73 497 万 m^3，占总用水量的 63%；工业用水量 16 772 万 m^3，占总用水量的 15%；生活用水量 21 980 万 m^3，占总用水量的 19%；人工生态与环境补水量 3 932 万 m^3，占总用水量的 3%。泰安市历年供水情况见表 8.4，泰安市多年平均用水组成见图 8-6。

由历年用水情况可以看出，2001 年至 2011 年总用水量基本呈一路上升趋势在 2011 年达到最大，然后自 2012 年开始逐年减少，近两年泰安市总用水量趋于平稳，详见图8-7。

表 8.4 泰安市历年用水量统计表

单位：万 m^3

年份	农业用水量						工业用水量			生活用水量					人工生态与环境补水量			总用水量
	耕地灌溉	林果地灌溉	草地灌溉	鱼塘补水	牲畜用水	小计	火(核)电 循环式	非火(核)电	小计	城镇居民	农村居民	建筑业	服务业	小计	城镇环境	河湖补水	小计	合计
	(1)	(2)	(3)	(4)	(5)	(6)	(9)	(10)	(11)	(13)	(14)	(15)	(16)	(17)	(19)	(20)	(21)	(23)
2001	34 286	5 275	10 800	5 590	15 459	71 410	1 020	19 492	20 512	8 200	8 925	497	419	18 041	789	194	983	110 946
2002	31 273	5 455	10 800	4 968	13 880	66 376	911	17 642	18 553	6 353	8 915	524	557	16 349	873	216	1 089	102 367
2003	28 922	5 158	10 800	5 174	14 531	64 585	1 036	15 517	16 553	7 945	9 294	1 582	1 487	20 308	3 326	476	3 802	105 248
2004	34 345	5 950	10 800	6 282	15 140	72 517	1 165	16 677	17 842	7 782	9 068	878	1 110	18 838	2 193	370	2 563	111 760
2005	36 824	6 395	10 800	5 735	16 539	76 293	913	9 991	10 904	7 318	9 162	893	579	17 951	2 047	138	2 185	107 333
2006	46 701	6 363	10 800	5 655	15 279	84 798	872	8 203	9 075	7 305	8 799	659	700	17 463	1 606	150	1 756	113 092
2007	40 353	6 681	10 800	5 621	14 761	78 216	844	8 876	9 720	8 125	9 033	944	971	19 073	2 000	183	2 183	109 192
2008	42 354	7 455	10 800	6 163	14 802	81 574	1 468	11 880	13 348	8 496	9 280	1 106	1 830	20 712	2 343	330	2 673	118 306
2009	39 301	7 814	10 800	5 967	14 815	78 697	1 839	11 913	13 752	9 576	10 199	1 230	3 470	24 475	3 021	374	3 395	120 319
2010	44 895	6 596	10 800	6 126	16 730	85 147	1 854	13 714	15 568	9 823	9 189	1 615	3 904	24 531	3 789	423	4 212	129 458
2011	39 654	6 690	10 800	5 890	18 132	81 166	2 122	15 426	17 548	9 923	8 997	3 046	5 109	27 075	3 880	730	4 610	130 399
2012	36 075	6 567	10 800	5 767	17 509	76 718	2 157	16 104	18 261	10 319	9 136	2 013	5 446	26 914	6 723	1 383	8 106	129 999
2013	32 270	6 161	10 800	6 044	17 005	72 280	2 252	18 181	20 433	10 850	7 872	1 349	4 229	24 299	6 342	492	6 834	123 846
2014	29 812	4 819	10 000	5 947	16 704	67 283	2 286	19 645	21 931	10 884	7 146	2 140	2 082	22 253	6 420	501	6 921	118 387
2015	22 719	4 532	10 750	5 078	17 433	60 511	2 807	19 112	21 919	10 875	8 170	2 621	4 595	26 260	5 670	529	6 199	114 889
2016	19 518	5 678	10 800	5 135	17 254	58 385	2 520	19 915	22 435	11 977	8 263	2 294	4 604	27 138	4 924	482	5 406	113 364
均值	34 956	6 099	10 747	5 696	15 998	73 497	1 629	15 143	16 772	9 109	8 841	1 462	2 568	21 980	3 497	436	3 932	116 182

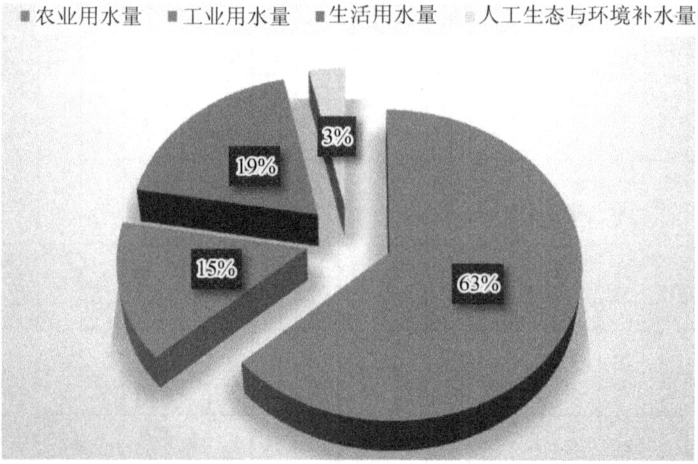

图 8-6　泰安市多年平均用水量组成图

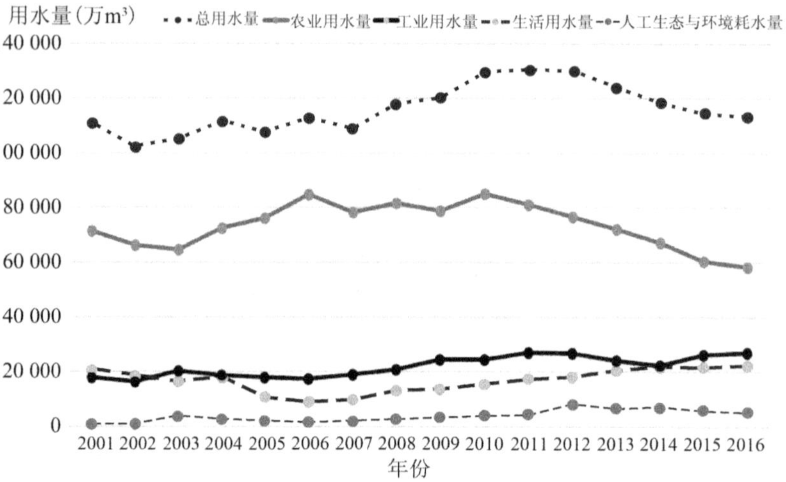

图 8-7　泰安市历年用水量比较图

2. 泰安市现状年用水情况分析

现状年 2016 年全市总用水量为 113 364 万 m^3。其中农业用水量 58 385 万 m^3，占总用水量的 51%；工业用水量 22 435 万 m^3，占总用水量的 20%；生活用水量 27 138 万 m^3，占总用水量的 24%；人工生态与环境补水量 5 406 万 m^3，占总用水量的 5%；详见图 8-8。

8.2.2　各分区用水情况

1. 泰安市各行政分区多年用水情况分析

根据泰安市各县市区 2001—2016 年的用水情况统计分析出各行政区多年平均用水量，详见表 8.5；由各县市区多年用水情况可以看出，农业用水量占比重较大；除泰山区外，其他县市区农业用水量占总用水量的 53%～76%，其中宁阳县农业用水量占总用水量的 76.0%，详见图 8-9。

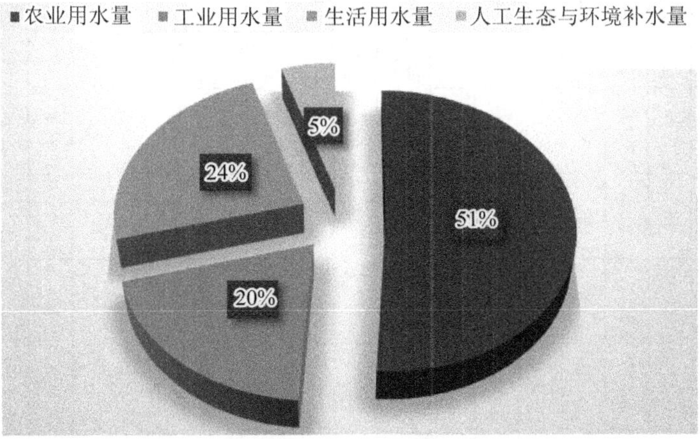

图 8-8　泰安市现状年用水组成图

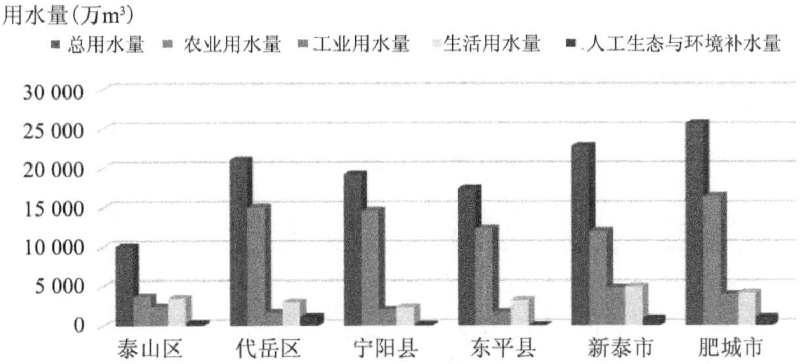

图 8-9　泰安市各行政分区多年平均用水量比较图

2. 按水资源三级分区多年供水分析

根据泰安市各水资源三级区 2001—2016 年的用水情况统计分析出各水资源三级区多年平均用水量，详见表 8.6。由各水资源三级区多年用水情况可以看出，泰安市主要供水来源于大汶河区，占全市总供水量的 83%，其次为南四湖区占全市总水量的 15%，花园口以下干流区间区仅占总供水量的 2%。详见图 8.10。

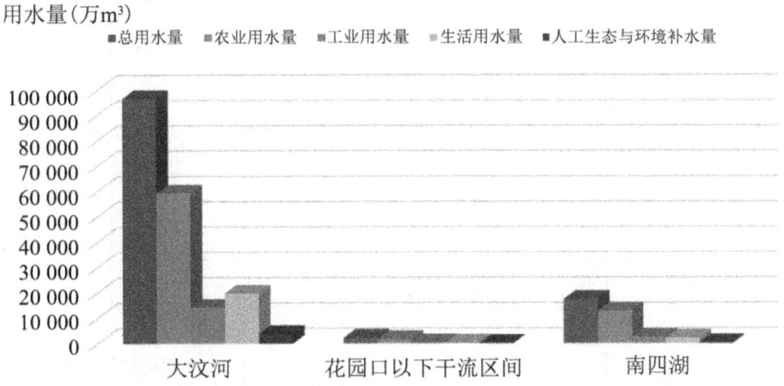

图 8-10　泰安市各水资源三级区多年平均用水量比较图

表 8.5　各行政分区多年平均用水量统计表

单位：万 m³

行政分区	农业用水量						工业用水量			生活用水量					人工生态与环境补水量			总用水量
	耕地灌溉	林果地灌溉	草地灌溉	鱼塘补水	牲畜用水	小计	火(核)电循环式	非火(核)电	小计	城镇居民	农村居民	建筑业	服务业	小计	城镇环境	河湖补水	小计	合计
	(1)	(2)	(3)	(4)	(5)	(6)	(9)	(10)	(11)	(13)	(14)	(15)	(16)	(17)	(19)	(20)	(21)	(23)
泰山区	2 173	393	500	36	607	3 708	0	2 468	2 469	1 616	271	175	1 434	3 495	236	137	373	10 045
岱岳区	6 753	2 351	2 000	1 320	2 656	15 079	21	1 685	1 707	1 645	2 083	63	109	3 055	1 201	0	1 201	21 043
宁阳县	6 308	867	2 000	822	4 634	14 630	47	2 004	2 051	637	1 233	207	305	2 383	156	31	188	19 252
东平县	4 826	1 046	2 000	2 566	1 943	12 381	0	1 740	1 740	1 123	1 970	77	78	3 248	59	12	71	17 441
新泰市	5 019	567	2 247	287	3 895	12 016	387	4 468	4 855	1 766	2 132	475	605	4 978	668	256	924	22 773
肥城市	9 716	879	2 000	666	3 181	16 443	1 174	2 777	3 951	2 322	1 276	402	163	4 164	1 071	0	1 071	25 629

表 8.6　泰安市各水资源三级区多年平均用水量统计表

单位：万 m³

水资源三级区	农业用水量						工业用水量			生活用水量					人工生态与环境补水量			总用水量
	耕地灌溉	林果地灌溉	草地灌溉	鱼塘补水	牲畜用水	小计	火(核)电循环式	非火(核)电	小计	城镇居民	农村居民	建筑业	服务业	小计	城镇环境	河湖补水	小计	合计
	(1)	(2)	(3)	(4)	(5)	(6)	(9)	(10)	(11)	(13)	(14)	(15)	(16)	(17)	(19)	(20)	(21)	(23)
大汶河	27 117	5 373	9 050	4 858	12 816	59 213	1 582	12 428	14 011	8 464	7 577	1 287	2 336	19 665	3 308	429	3 738	96 626
花园口以下干流区间	902	233	150	184	141	1 609	0	338	338	80	114	19	19	232	14	3	17	2 195
南四湖	6 937	494	1 547	655	3 042	12 675	47	2 377	2 424	565	1 150	156	213	2 084	174	3	178	17 360

8.2.3 泰安市用水消耗量

耗水量是指在输水用水过程中，通过蒸腾、蒸发、产品吸收、人畜饮用等各种形式消耗掉的水量。农田灌溉耗水量包括支渠以下（不含支渠）渠系和田间的蒸腾、蒸发量；工业和城镇生活用水集中，消耗的水量相对较少，大部分水量成为废污水排放掉；农村住宅分散，一般没有供排水设施，居民生活和牲畜用水量的绝大部分甚至全部被消耗掉。

1. 泰安市多年平均耗水量分析

根据2001—2016年近16年泰安市的耗水情况统计分析，全市多年平均总耗水量为75 346万 m^3，综合耗水率为65%；其中农业耗水量54 206万 m^3，耗水率为74%；工业耗水量7 215万 m^3，耗水率为43%；生活耗水量11 208万 m^3，耗水率为51%；人工生态与环境耗水量2 898万 m^3，耗水率为74%。泰安市历年耗水情况见表8.2-4，泰安市历年耗水量比较见图8-11。

由泰安市历年耗水情况分析出，牲畜、建筑业和循环式火（核）电的耗水率较高在80%以上，耗水率分别为87%、82%和80%；城镇环境、耕地灌溉、农村居民、林牧渔业灌溉及河湖补水耗水率在60%～80%之间，耗水率分别为74%、71%、70%、67%及67%；服务业、非火（核）电工业和城镇居民耗水率较低，耗水率分别为42%、39%和30%。泰安市多年平均耗水率比较详见图8-12。

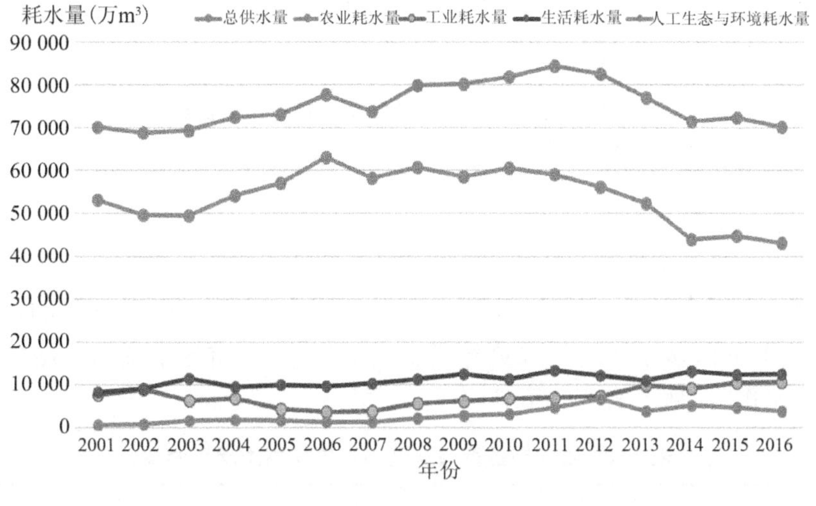

图8-11 泰安市历年耗水量比较图

2. 泰安市现状年耗水量分析

现状年2016年，泰安市总耗水量为70 180万 m^3，综合耗水率为62%；其中农业耗水量43 085万 m^3，耗水率为74%；工业耗水量10 696万 m^3，耗水率为48%；生活耗水量11 621万 m^3，耗水率为47%，人工生态与环境耗水量3 779万 m^3，耗水率为70%。泰安市各行业现状年耗水率比较见图8-13。

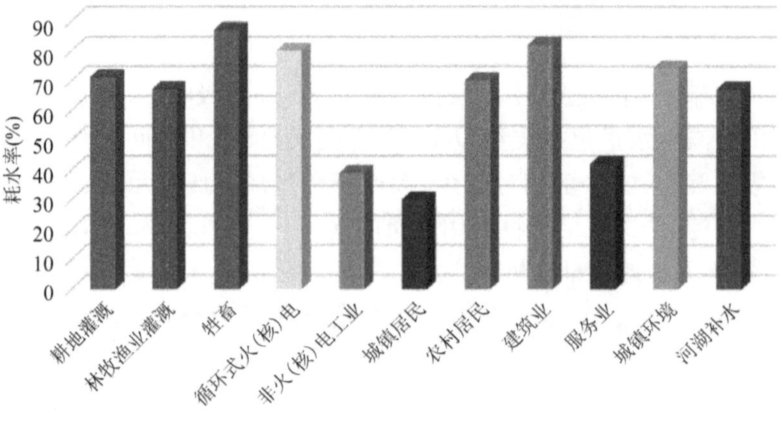

图 8-12　泰安市多年平均耗水率比较图

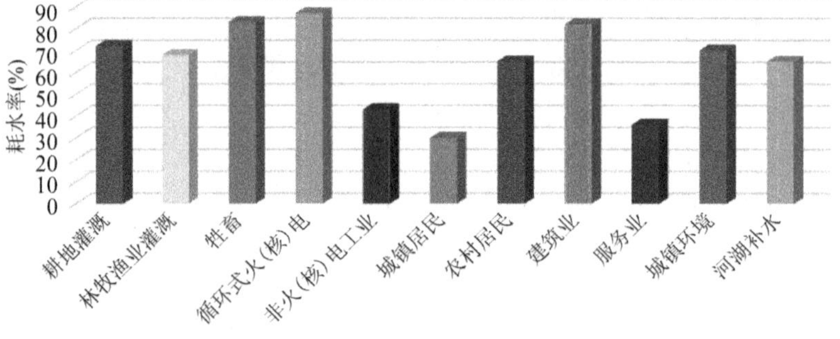

图 8-13　泰安市分行业现状年平均耗水率比较图

8.3　供用水平衡分析

根据上述 8.1 供水量和 8.2 用水量中，泰安市 2001—2016 年近 16 年的供用水情况分析，泰安市各行政分区多年平均供水量与用水量平衡，泰安市各水资源三级区多年平均供水量与用水量平衡，详见表 8.7、表 8.8。

表 8.7　泰安市各行政分区多年平均供用水平衡表　单位：万 m^3

县市区	总供水量	农业用水量	工业用水量	生活用水量	生态用水	总用水量	余水量
泰山区	10 045	3 708	2 469	3 495	373	10 045	0
岱岳区	21 043	15 079	1 707	3 055	1 201	21 043	0
宁阳县	19 252	14 630	2 051	2 383	188	19 252	0
东平县	17 441	12 381	1 740	3 248	71	17 441	0
新泰市	22 773	12 016	4 855	4 978	924	22 773	0
肥城市	25 629	16 443	3 951	4 164	1 071	25 629	0
泰安市	116 182	74 257	16 773	21 323	3 828	116 182	0

表 8.8 泰安市各水资源三级区多年平均供用水平衡表

单位：万 m^3

水资源三级区	总供水量	农业用水量	工业用水量	生活用水量	生态用水	总用水量	余水量
大汶河	96 626	59 213	14 011	19 665	3 738	96 626	0
花园口以下干流区间	2 195	1 609	338	232	17	2 195	0
南四湖	17 360	12 675	2 424	2 084	178	17 360	0

8.4 用水效率与开发利用程度分析

8.4.1 用水水平及用水效率

泰安市 2010—2016 年历年经济社会指标见表 8.9。根据现状年 2016 年泰安市用水量及经济社会指标分析，现状年全市用水总量 113 364 万 m^3，GDP 为 3 638 亿元，则万元 GDP 用水量为 31.2 m^3/万元，小于《山东省节水型社会建设技术指标》中节水型社会控制指标 40 m^3/万元。根据 2010～2016 年近 7 年的数据分析，万元 GDP 用水量在逐年减少，由 2010 年的 61.8 m^3/万元下降为 31.2 m^3/万元。

现状年泰安市工业用水量为 22 435 万 m^3，工业增加值为 1 745 亿元，万元工业增加值取水量为 12.9 m^3/万元，略高于山东省节水型社会控制指标 10 m^3/万元的要求。根据 2010～2016 年近 7 年的数据分析，万元工业增加值取水量在逐年缓慢减少，由 2010 年的 16.3 m^3/万元下降为 12.9 m^3/万元。

现状年农业灌溉用水量为 19 518 万 m^3，灌溉亩均用水量 84.5 m^3/亩，小于《山东省节水型社会建设技术指标》中节水型社会控制指标 160 m^3/亩。根据 2010～2016 年近 7 年的数据分析，灌溉亩均用水量在 85～154 m^3/亩之间，均符合中节水型社会控制指标的要求。

现状年泰安市城镇人均用水定额为 98.3 L/人·d，城镇公共用水定额为 56.6 L/人·d，城镇生活综合用水定额为 154.9 L/人·d，高于《山东省节约型社会建设技术指标》城镇生活综合用水定额 120 L/人·d 的标准。根据 2010～2016 年近 7 年的数据分析，生活综合用水定额在 133～168 L/人·d 之间。

现状年泰安市农村居民生活用水定额 93.7 L/人·天，高于《山东省节约型社会建设技术指标》农村居民生活用水定额 60 L/人·天的标准，随着农村居民生活水平的提高，农村居民生活用水定额也在增加。根据 2010～2016 年近 7 年的数据分析，农村生活综合用水定额在 76～98 L/人·d 之间。

大、小牲畜用水定额分别为 38 L/头·天、12.7 L/头·天，符合《山东省节约型社会建设技术指标》大、小牲畜用水定额分别为 40 L/头·天、20 L/头·天的标准。

表 8.9　泰安市 2010—2016 年经济社会主要发展指标

年份	常住人口（万人）			GDP（亿元）	工业增加值（亿元）	耕地面积（万亩）	灌溉面积（万亩）		实际灌溉面积（万亩）			鱼塘补水面积（万亩）	牲畜数量（万头）	
	城镇	乡村	合计	当年价	当年价		总面积	其中:耕地	耕地	林果地	草地		大牲畜	小牲畜
	(1)	(2)	(3)	(4)	(5)	(6)	(7)	(8)	(9)	(10)	(11)	(12)	(13)	(14)
2010	296	254	550	2 092	957	416	435	379	292	55	83	15	33	3 169
2011	296	255	551	2 350	1 086	437	456	394	293	46	85	15	35	3 416
2012	297	256	553	2 597	1 216	443	462	399	286	53	86	15	38	3 683
2013	299	257	557	2 868	1 357	396	396	360	262	38	78	15	154	3 320
2014	310	256	566	3 129	1 521	386	382	349	200	35	75	15	43	3 570
2015	319	242	561	3 397	1 631	402	398	364	218	34	79	14	41	3 488
2016	333	241	574	3 638	1 745	406	401	367	231	35	81	14	33	3 616
均值	307	252	559	2 867	1 359	412	419	373	254	42	81	15	54	3 466

8.4.2 水资源开发利用程度

现状年(2016 年),泰安市水资源工程实际供水 113 364 万 m^3。从分类工程供水看,泰安市蓄水工程 2016 年实际供水量 22 122 万 m^3;引提水工程 2016 年实供水量 16 101 万 m^3。地下水工程 2016 年实际供水量 69 950 万 m^3。

泰安市水资源从资源开发利用上讲,具有开发利用程度高,农业用水占比重大等特点。根据本次现状水资源调查分析和水资源开发利用分析成果,经过分析计算,泰安市大汶河流域 1980—2016 年多年平均地表水开发利用率为 51.5%,2001—2016 年多年平均地表水开发利用率为 51%;2001—2016 年泰安市地下水开采率为 82.2%。

9

水资源质量分析

9.1 地表水水质分析

地表水水质是指地表水体的物理、化学和生物学的特征和性质。分析内容包括各水资源分区地表水的水化学类型、现状水质(含污染状况)、水质变化趋势、地表水供水水源地水质以及水功能区水质达标情况等。

地表水水质现状分析的基准年采用2016年监测资料,按单站及河长或断面水质类别统计地表水水质现状分析成果,分别对河流、湖泊和水库进行分析。分析范围为泰安市水功能区划中所有河流、湖泊、水库。

9.1.1 水化学类型

(1) 分析范围:为客观的反映泰安市水化学类型分布情况,本此水化学类型分析采用了泰安市水环境监测中心2016年的监测资料,选用了23个监测点作为分析断面。

(2) 分析参数:选用钾、钠、钙、镁、重碳酸根、碳酸根、氯根、硫酸根等项目,并调查分析总硬度。

(3) 分析方法:采用了阿廖金分类法进行水化学类型分析

阿廖金分类:6种离子,按阴离子最高含量分三类(C,S,Cl),按阳离子最高含量分三个组,每组3型,共27种水4种不同类型。

阿廖金分类法是由俄国学者O. A. Aleken提出的,按水体中阴阳离子的优势成分和阴阳离子间的比例关系分为四个型:

Ⅰ型:$rHCO_3 > r(Ca^{2+} + Mg^{2+})$,在S类与Cl类的Ca及Mg组中均无此型;

Ⅱ型:$rHCO_3 < r(Ca^{2+} + Mg^{2+}) < r(HCO_3^- + SO_4^{2-})$,多数浅层地下水属于此型;

Ⅲ型:$r(HCO_3^- + SO_4^{2-}) < r(Ca^{2+} + Mg^{2+})$,或$rCl^- > rNa^+$,此型为高矿化水;

Ⅳ型:$rHCO_3^- = 0$。此型为酸性水,C类各组及S和Cl类的Na组中无此型。

阿廖金分类图解见图9-1。

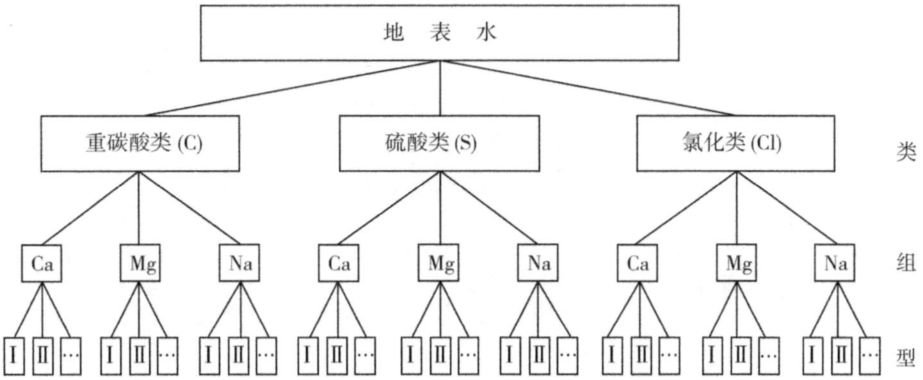

图 9-1 阿廖金分类图

第Ⅰ型水的特点是 $HCO_3^- > Ca^{2+} + Mg^{2+}$。这一型水是含有大量 Na^+ 与 K^+ 的火成岩地区形成的。水中主要含 HCO_3^- 并且含较多 Na^+，这一型水多半是低矿化度的硬度小、水质好。

第Ⅱ型水的特点是：$HCO_3^- < Ca^{2+} + Mg^{2+} < HCO_3^- + SO_4^{2-}$，硬度大于碱度。从成因上讲，本型水与各种沉积岩有关，主要是混合水。大多属低矿化度和中矿化度的河水，湖水和地下水属于这一类型(有 SO_4^{2-} 硬度)。

第Ⅲ型水的特点是 $HCO_3^- + SO_4^{2-} < Ca^{2+} + Mg^{2+}$ 或者为 $Cl^- > Na^+$。从成因上讲，这型水也是混合水，由于离子交换使水的成分激烈地变化，即天然水中的 Na^+ 被土壤底泥或含水层中的 Ca^{2+} 或 Mg^{2+} 所交换。大洋水、海水、海湾水，残留水和许多高矿化度的地下水属于此种类型(有氯化物硬度)。

第Ⅳ型水的特点是 $HCO_3^- = 0$，即本型水为酸性水。在重碳酸类水中不包括此型，只有硫酸盐与氯化物类水中的 Ca^{2+} 组与 Mg^{2+} 组中才有这一型水。天然水中一般无此类型(ph <4.0)。

水的上述类型的差异是水体所处自然地理环境造成的，一般来讲，它们有一定的地理分布规律。

(4) 分析成果

以水资源四级区来看，泰安市地表水以 S 类 Na 组为主，汶宁区为 S 类 Na 组Ⅲ型；大汶河区大部分属于 S 类Ⅱ型或Ⅲ型，三组兼备。

以县市区来看，泰山区北部为为 S 类 Mg 组Ⅲ型，东南部为 S 类 Na 组Ⅲ型，西南部为 Cl 类 Na 组Ⅱ型；岱岳区东北部为 S 类 Mg 组Ⅲ型，东部、南部为 S 类 Ca 组Ⅲ型，中部为 Cl 类 Na 组Ⅱ型，西南部为 S 类 Na 组Ⅱ型，西北部为 S 类 Na 组Ⅲ型；新泰市西部为 S 类 Na 组Ⅲ型，中部为 C 类 Ca 组Ⅲ型，东部有 C 类 Mg 组Ⅲ型、S 类 Ca 组Ⅲ型、S 类 Mg 组Ⅲ型；肥城市北部、南部为 S 类 Na 组Ⅲ型，中部、西北部、东南部为 S 类 Ca 组Ⅱ型；宁阳县西部为 S 类 Na 组Ⅲ型，东部为 S 类 Ca 组Ⅲ型；东平县大部分为 S 类 Ca 组Ⅱ型，只有东南部为 S 类 Na 组Ⅲ型。

泰安市地表水水化学类型分区见图 9-2，矿化度类型分区见图 9-3，总矿化度类型分区见图 9-4。

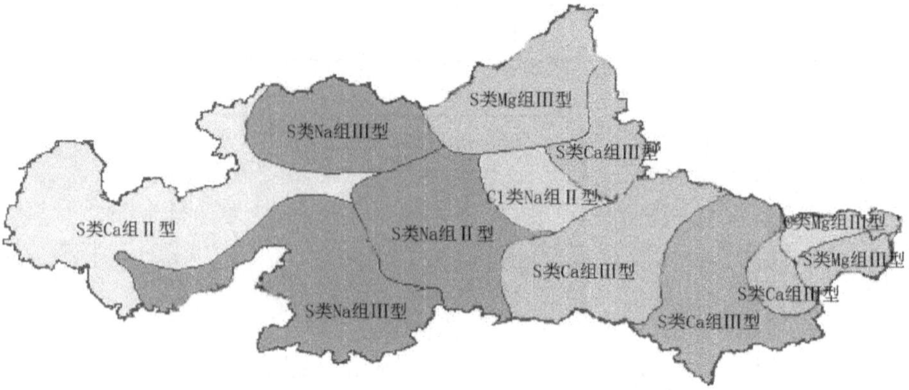

图 9-2 泰安市地表水水化学类型分区图

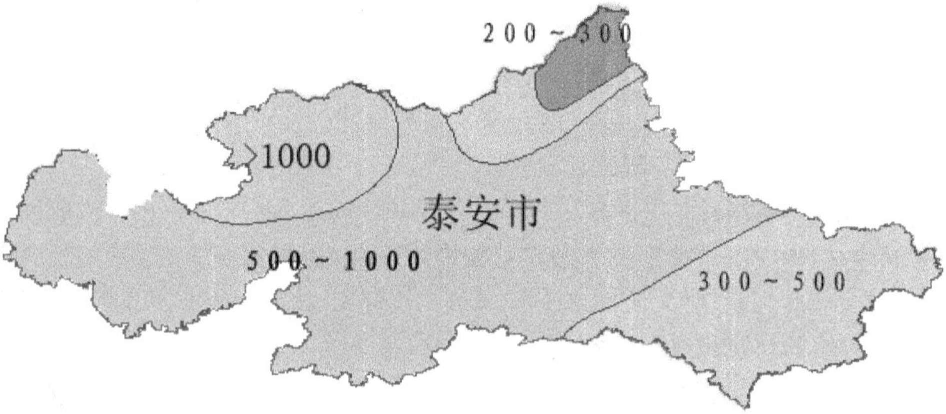

图 9-3 泰安市地表水矿化度类型分区图

图 9-4 泰安市地表水总硬度类型分区图

9.1.2 地表水质量现状

9.1.2.1 分析范围和项目

(1) 分析范围:原则上对泰安市所有水功能区的河流进行分析,泰安市分析站点及水质监测站网分布图见图 9-5。

(2) 分析项目:水功能区及跨界断面监测项目为水温、pH、电导率、硫酸盐、氯化物、总硬度、钙、碳酸盐、重碳酸盐、溶解氧、高锰酸盐指数、化学需氧量(COD)、五日生化需氧量、氨氮、亚硝酸盐氮、硝酸盐氮、总氮、总磷、硒、砷、汞、铬(六价)、氰化物、挥发酚、铜、锌、铅、镉、锰、铁、钾、钠、氟化物、硫化物、阴离子表面活性剂、总碱度共 36 个基本项目。其中湖库增加叶绿素和透明度的监测。

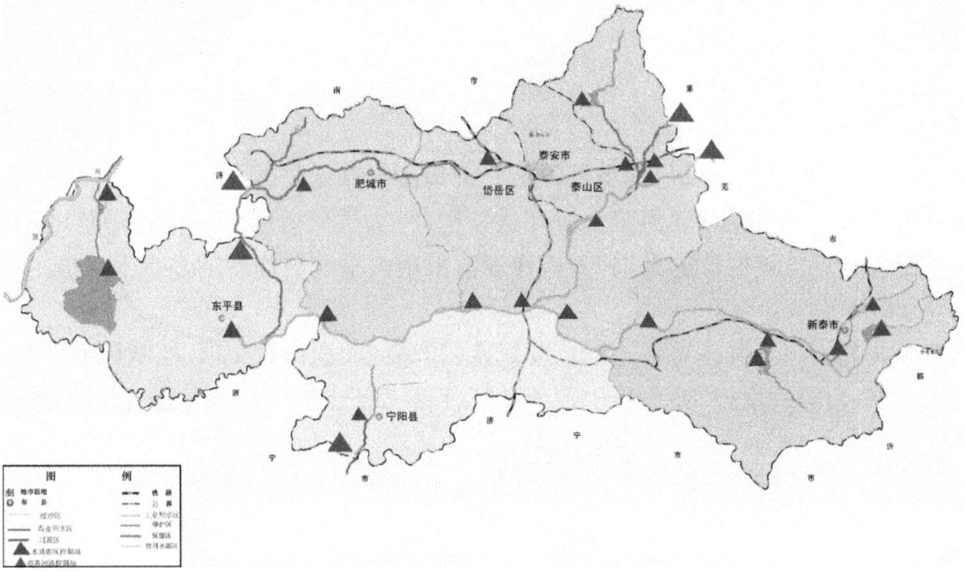

图 9-5 泰安市水质监测站网分布图

9.1.2.2 分析标准和方法

分析标准和方法:水功能区及跨界断面监测方法按照《地表水环境质量标准》(GB 3838—2002)中的水质分析和采样方法进行。

采用单指标法确定地表水水质类别,分析代表值采用汛期、非汛期和年度平均三个值,分析结果按河长统计,并以Ⅲ类水标准值为界限,计算超标率和超标倍数等特征值。

9.1.2.3 分析成果

在非汛期时间段,湖库总氮不参评的情况下,在 24 处监测断面中有 6 处断面监测不达标,1 处河干,达标率为 78.2%,主要超标污染物为化学需氧量、五日生化需氧量、高锰酸盐指数、氨氮和总磷等。

在汛期时间段,湖库总氮不参评的情况下,在 24 处监测断面中有 5 处断面监测不达标,2 处河干,达标率为 77.1%,主要超标污染物为化学需氧量、五日生化需氧量、高锰酸盐指数、氨氮和总磷等。

以全年监测数据分析，湖库总氮不参评的情况下，在24处监测断面中有6处断面监测不达标，1处河干，达标率为78.2%，主要超标污染物为化学需氧量、五日生化需氧量、高锰酸盐指数、氨氮和总磷等。

在非汛期时间段，湖库总氮参评的情况下，在24处监测断面中有8处断面监测不达标，1处河干，达标率为69.6%，主要超标污染物为化学需氧量、五日生化需氧量、高锰酸盐指数、氨氮、总磷和总氮等。

在汛期时间段，湖库总氮不参评的情况下，在24处监测断面中有10处断面监测不达标，2处河干，达标率为60.9%，主要超标污染物为化学需氧量、五日生化需氧量、高锰酸盐指数、氨氮、总磷和总氮等。

以全年监测数据分析，湖库总氮不参评的情况下，在24处监测断面中有10处断面监测不达标，1处河干，达标率为60.9%，主要超标污染物为化学需氧量、五日生化需氧量、高锰酸盐指数、氨氮、总磷和总氮等。

9.1.3 湖泊、水库水质现状

湖泊、水库水质现状分析包括水质污染分析和富营养化分析。

水质污染分析项目要求同河流水质现状分析，但水质分析结果所代表的范围用面积代替。对于有多测点分层取样的湖泊，分析代表值采用由垂线平均后的多点平均值。

(1) 分析方法

富营养化分析项目选择总磷、总氮、叶绿素、和高锰酸盐指数4项，控制标准可参照下表给出的浓度值；营养程度按贫营养、中营养和富营养三级分析。采用评分法分析，见表9.1。

表9.1 富营养化控制标准表

营养程度	评分值	叶绿素 a(mg/m^3)	总磷(mg/m^3)	总氮(mg/m^3)	高锰酸盐指数(mg/L)
贫营养	10	0.5	1.0	20	0.15
	20	1.0	4.0	50	0.4
中营养	30	2.0	10	100	1.0
	40	4.0	25	300	2.0
	50	10.0	50	500	4.0
富营养	60	26.0	100	1 000	8.0
	70	64.0	200	2 000	10.0
	80	160.0	600	6 000	25.0
	90	400.0	900	9 000	40.0
	100	1 000.0	1 300	16 000	60.0

(2) 东平湖水质分析

东平湖共设1个水质监测站，年均水质监测值均为Ⅲ类。东平湖水体呈轻度富营养化，见表9.2。

(3) 水库水质分析

泰安市共有光明、金斗、东周、黄前和大河五座大中型水库，五座水库分析类别全年均符合Ⅱ类水标准。五座水库水体呈中营养化，见表9.2。

表 9.2 泰安市湖库富营养化分析

序号	湖库名称	测站名称	4—9 月营养分析	
			评分值	营养化程度
1	东平湖	老湖镇	55.0	轻度富营养
2	光明水库	光明水库	47.74	中营养
3	金斗水库	金斗水库	47.69	中营养
4	东周水库	东周水库	48.75	中营养
5	黄前水库	黄前水库	48.12	中营养
6	大河水库	大河水库	48.59	中营养

9.1.4 水功能区水质现状及达标

9.1.4.1 分析方法

(1) 代表值确定

只有一个水质代表断面的水功能区以该断面的水质数据作为水质代表值;有多个代表断面的水功能区以代表断面水质浓度的加权平均值作为水质代表值。河流以流量或河流长度作权重,湖泊以水面面积作权重,水库以蓄水量作权重。

(2) 分析方法

① 单次水功能区达标分析方法

水功能区水质分析采用单指标分析法,又称一票否决法,即对最差的项目赋全权。分析标准以《地表水环境质量标准》(GB 3838—2002)为基本标准。饮用水源区分析项目增加集中式生活饮用水地表水源地补充项目。

根据水功能区管理目标规定的分析内容,对规定了水质目标的水功能区进行水质类别达标分析。所有参评项目代表值均满足水质目标要求的为达标水功能区;有任何一项不满足水质目标要求的为不达标水功能区。

单次水质浓度代表值劣于管理目标类别对应标准限值的项目称为超标项目,其中水温、pH 和溶解氧不计算超标倍数。将各超标项目按超标倍数由高到低排序,列前三位者为主要超标项目。超标项目的超标倍数按下式计算:

$$FB_i = \frac{FC_i}{FS_i} - 1$$

式中:FB_i——水功能区某超标项目的超标倍数;

FC_i——水功能区某水质项目的浓度,mg/L;

FS_i——水功能区水质管理目标对应的标准限值,mg/L。

② 年度水功能区达标分析方法

年度水功能区达标分析在各水功能区单次达标分析成果基础上进行。年度内达标率不小于 80%的水功能区为年度达标水功能区。年度水功能区达标率按下式计算。

$$FD = \frac{FG}{FN} \times 100\%$$

式中:FD——年度水功能区达标率;

FG——年度水功能区达标次数；

FN——年度水功能区分析次数。

年度水功能区超标项目根据水质项目年度的超标率确定。年度超标率大于 20%的水质项目为年度水功能区超标项目。将年度水功能区超标项目按超标率由高到低排序，排序列前三位的超标项目为年度水功能区主要超标项目。水质项目年度超标率按下式计算。

$$FC_i = \left(1 - \frac{FG_i}{FN_i}\right) \times 100\%$$

式中：FC_i——水质项目年度超标率；

FG_i——水质项目年度达标次数；

FN_i——水质项目年度分析次数。

③ 区域年度水功能区达标率

区域年度水功能区达标率在各水功能区年度达标分析基础上进行。区域内年度达标的功能区个数占区域内分析功能区个数的百分比为区域年度水功能区达标率。

在总氮不参评的情况下，2016 年全市监测分析的 17 个重点水功能区中，达标的功能区有 9 个，不达标的功能区有 3 个，断流的功能区有 5 个，达标率为 75.0%（参见图 9-6）。

在总氮参评的情况下，2016 年全市监测分析的 17 个重点水功能区中，达标的功能区有 7 个，不达标的功能区有 5 个，断流的功能区有 5 个，达标率为 58.3%（参见图 9-7）。

水功能区限制纳污红线主要控制项目为化学需氧量（COD）和氨氮（NH_3-N），2016 年水功能区限制纳污分析的 17 个重点水功能区中，达标的功能区有 9 个，不达标的功能区有 3 个，断流的功能区有 5 个，达标率为 75.0%。

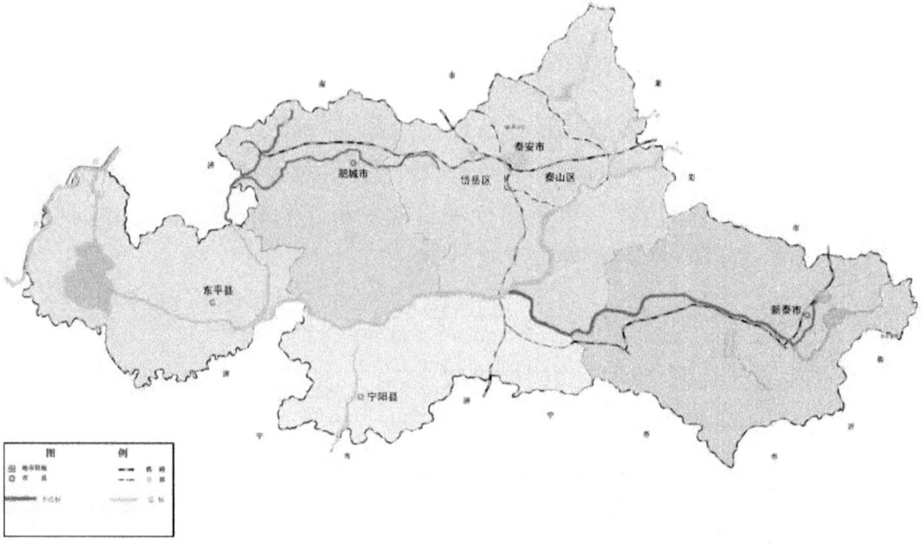

图 9-6　泰安市水功能区年度达标情况示意图(总氮不参评)

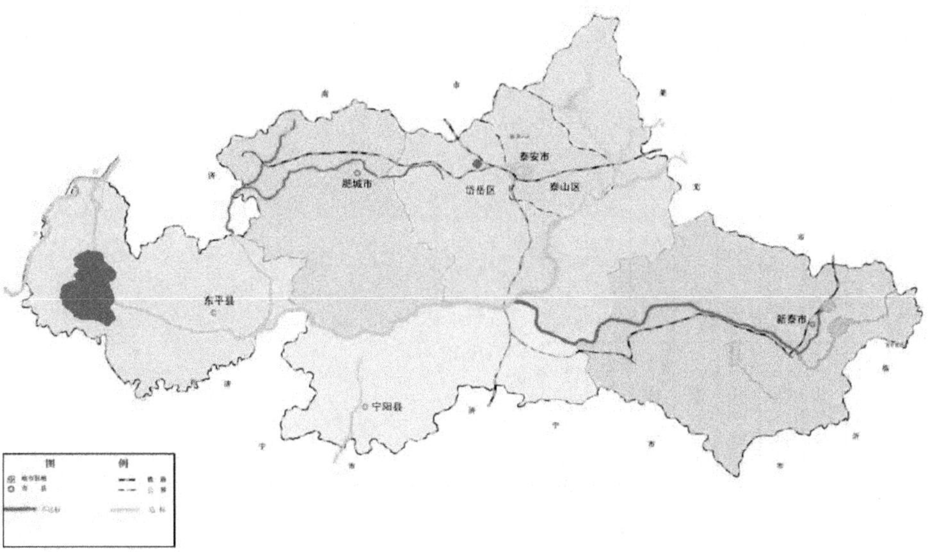

图 9-7 泰安市水功能区年度达标情况示意图(总氮参评)

9.1.5 地表水质量变化

本次分析对 2004—2016 年有持续监测数据的河湖水体进行水质变化分析。

本次分析中 2000—2016 年间重要河湖、省界水体、重要水功能区的水质类别及湖库营养状况和主要污染项目(河流类水体为高锰酸盐指数、氨氮;湖库水体为高锰酸盐指数、氨氮、总磷和总氮)浓度值的年际变化。

地表水质量年际变化分析采用统一的分析范围、分析标准(GB 3838—2002)、分析项目和分析方法与上相同,在比较分析历年相同水体水质类别和营养化程度变化的基础上,进一步分析主要水质项目各年度浓度均值随时间的变化。

本次论证分别统计 2004—2016 年重要河湖水质类别变化情况,以不同水质类别的河长、湖泊水面面积和水库蓄水量表示(湖库按总氮不参评和参评);统计湖库营养状况变化情况,以不同营养程度表示;统计水功能区水质达标情况,以水功能区合格个数和达标率表示。

水质浓度变化趋势分析包括主要水污染项目的浓度变化趋势分析和流量调节浓度变化趋势分析两部分。河流类水功能区的分析项目为高锰酸盐指数和氨氮;湖库类水功能区增加总磷和总氮。水质变化趋势分析时段为 13 年,每年监测次数不应低于 4 次,(汛期、非汛期各 2 次)。分析时段内选择的分析断面应相同或相近。

水功能区水污染项目变化趋势分析成果见表 9.3。

9.2 地下水水质分析

地下水质量是指地下水的物理、化学和生物性质的总称。除重要地下水饮用水水源地外,地下水水质分析的主要对象为平原区浅层地下水。

表 9.3　流域水功能区质量变化趋势分析成果表

序号	水功能一级区	水功能二级区	水质浓度变化趋势				水质项目流量调节浓度变化趋势分析	
			高锰酸盐指数	氨氮	总氮	总磷	高锰酸盐指数	氨氮
1	汇河泰安开发利用区	汇河肥城农业用水区	显著上升	显著下降	显著上升	无明显升降趋势		
2	大汶河莱芜、泰安开发利用区	大汶河泰安工业用水区	显著下降	显著下降	显著上升	显著下降	显著下降	显著下降
3	大汶河东平保留区		显著下降	无明显升降趋势	无明显升降趋势	显著下降		
4	柴汶河新泰源头水保护区		无明显升降趋势	显著下降	显著上升	显著下降		
5	光明河新泰源头水保护区		显著下降	无明显升降趋势	无明显升降趋势	显著下降		
6	石汶河泰安源头水保护区		显著上升	显著下降	显著上升	显著下降		
7	平阳河新泰源头水保护区		无明显升降趋势	无明显升降趋势	显著上升	无明显升降趋势		
8	柴汶河泰安开发利用区	柴汶河泰安工业用水区	显著下降	显著下降	显著上升	无明显升降趋势		

地下水水质分析以水资源四级区、县级行政区划分别作为汇总单元。分析内容包括地下水天然水化学特征分析、地下水水质现状分析、地下水水质变化趋势分析、重要地下水饮用水水源地水质分析。

基本单元内各选用水质监测井同一项目的各次实测值的算术平均值(当基本单元内各选用水质监测井分布均匀时)或面积加权值(当基本单元内各选用水质监测井分布不均匀时)作为该基本单元该项目水质监测值。

本次地下水水质分析采用的技术标准为国家标准GB/T14848—2017《地下水质量标准》,并将其中的Ⅲ类水标准值的上限值确定为地下水水质控制标准。采用单指标分析法确定地下水水质的类别。

9.2.1 地下水化学特征

为全面反映地下水水质变化情况,结合泰安市实际,选取2017年补充监测井为分析井,共获得40个井水质资料,保证了地下水分析井点的代表性。此次地下水井主要分布在大汶河区、汶宁区水资源四级区,其中大汶河区29个,包括泰山区5个、岱岳区7个、新泰市9个、肥城市7个、东平县1个;汶宁区11个,包括宁阳县6个、东平县5个,详见表9.4。

表9.4 泰安市地下水监测井数统计表

四级区名称	选用监测井个数(个)	县级行政区					
		泰山区	岱岳区	新泰市	肥城市	宁阳县	东平县
大汶河区	29	5	7	9	7	0	1
汶宁区	11	0	0	0	0	6	5
合计	40	5	7	9	7	6	6

9.2.1.1 pH值分布

根据pH值监测资料,按pH<5.5、5.5≤pH<6.5、6.5≤pH≤8.5、8.5<pH≤9.0和pH>9.0分区范围,绘制泰安市平原区浅层地下水pH值分布图,见图9-8。

以水资源四级区、县级行政区划分别作为汇总单元进行地下水pH值面积分布情况统计,见表9.5,9.6。

从中可知:全市地下水pH值在6.5≤pH≤8.5范围的占总分析面积的100%。大部分主要集中在7.0<pH≤7.5,另有少部分6.5<pH≤7.0值主要分布在泰山区和岱岳区,7.5<pH≤8.5零星分布在新泰市、肥城市、宁阳县、东平县。

表9.5 泰安市平原区浅层地下水pH值面积分布(按水资源分区)

单位:井数(眼),面积(km²)

水资源四级区	水资源三级区	水资源三级区所在			平原区面积A	监测井数	pH值分类面积					
		水资源一级区	水资源二级区	地级行政区			合计F	pH<5.5	5.5≤pH<6.5	6.5≤pH≤8.5	8.5<pH≤9.0	pH>9.0
大汶河区	大汶河区	黄河区	花园口以下	泰安市	2 622.77	29	2 622.77	0	0	2 622.77	0	0
汶宁区	湖东区	淮河区	沂沭泗河	泰安市	586.0	11	586.00	0	0	586	0	0

图 9-8　泰安市平原区浅层地下水 pH 分布图

表 9.6　泰安市平原区浅层地下水 pH 值面积分布(按行政分区)

单位:井数(眼),面积(km^2)

县级行政区	县级行政区所在		平原区面积 *A*	监测井数	pH 值分类面积					
	省级行政区	地级行政区			合计 *F*	pH<5.5	5.5≤pH<6.5	6.5≤pH≤8.5	8.5<pH≤9.0	pH>9.0
泰山区	山东省	泰安市	68.0	5	68.0	0	0	68.0	0	0
岱岳区	山东省	泰安市	637.0	7	637.0	0	0	637.0	0	0
新泰市	山东省	泰安市	487.0	9	487.0	0	0	487.0	0	0
肥城市	山东省	泰安市	559.8	7	559.8	0	0	559.8	0	0
宁阳县	山东省	泰安市	513.0	6	513.0	0	0	513.0	0	0
东平县	山东省	泰安市	1 040.0	6	1 040.0	0	0	1 040.0	0	0

9.2.1.2　总硬度分布

根据总硬度监测资料,按总硬度 $N\leqslant150$ mg/L、$150<N\leqslant300$ mg/L、$300<N\leqslant450$ mg/L、$450<N\leqslant650$ mg/L 和 $N>650$ mg/L 范围,绘制泰安市地下水总硬度分布图,见图 9-9。

按水资源四级区和行政分区分别进行地下水总硬度面积分布情况统计,见表 9.7,9.8。

分析成果:以水资源四级区来看,泰安市地下水总硬度主要集中在 $300<N\leqslant450$ mg/L、$450<N\leqslant650$ mg/L、$N>650$ mg/L 三个区域范围内,大汶河区均匀分布在三个区间内,$150<N\leqslant300$ mg/L 区间有零星分布;汶宁区均匀分布在 $300<N\leqslant450$ mg/L、$450<N\leqslant650$ mg/L、$N>650$ mg/L 三个区间内。

以县市区来看,总硬度在 $150<N\leqslant300$ mg/L 之间,占全市总面积的 0.07%,全部分布在新泰市;在 $300<N\leqslant450$ mg/L 之间的占全市总面积的 17.8%,各县市区均有分布,主要分布在肥城市和东平县;在 $450<N\leqslant650$ mg/L 之间的占全市总面积的 63.1%,各县市区均分布较多;$N>650$ mg/L 的占全市总面积的的 19.0%,主要分布在岱岳区、肥城市、宁阳县。

图 9-9 泰安市平原区浅层地下水总硬度分布图

表 9.7 泰安市平原区浅层地下水总硬度面积分布(按水资源分区)

单位:总硬度(mg/L),井数(眼),面积(km²)

水资源四级区	水资源三级区	水资源三级区所在			平原区面积 A	监测井数	地下水总硬度分类面积					
		水资源一级区	水资源二级区	地级行政区			合计 F	$N\leqslant150$	$150<N\leqslant300$	$300<N\leqslant450$	$450<N\leqslant650$	$N>650$
大汶河区	大汶河区	黄河区	花园口以下	泰安市	2 622.8	29	2 622.8	0.00	2.41	433.36	1 719.22	467.78
汶宁区	湖东区	淮河区	沂沭泗河	泰安市	586.0	11	586.0	0.00	0.00	153.88	272.74	159.38

表 9.8 泰安市平原区浅层地下水总硬度面积分布(按行政分区)

单位:总硬度(mg/L),井数(眼),面积(km²)

县级行政区	县级行政区所在		平原区面积 A	监测井数	地下水总硬度分类面积					
	省级行政区	地级行政区			合计 F	$N\leqslant150$	$150<N\leqslant300$	$300<N\leqslant450$	$450<N\leqslant650$	$N>650$
泰山区	山东省	泰安市	68.0	5	68.0	0	0	36.43	31.57	0.00
岱岳区	山东省	泰安市	637.0	7	637.0	0	0	85.59	409.85	141.56
新泰市	山东省	泰安市	487.0	9	487.0	0	2.41	63.64	281.85	139.09
肥城市	山东省	泰安市	559.8	7	559.8	0	0	108.47	298.56	152.74
宁阳县	山东省	泰安市	513.0	6	513.0	0	0	12.10	308.77	192.13
东平县	山东省	泰安市	1 040.0	6	1 040.0	0	0	281.90	756.46	1.63

9.2.1.3 矿化度分布

根据各代表井矿化度监测资料,按矿化度 $M\leqslant300$ mg/L、$300<M\leqslant500$ mg/L、$500<M\leqslant1\ 000$ mg/L、$1\ 000<M\leqslant2\ 000$ mg/L、$2\ 000<M\leqslant3\ 000$ mg/L、$3\ 000<M\leqslant5\ 000$ mg/L 和 $M>5\ 000$ mg/L 的范围,绘制泰安市平原区浅层地下水矿化度分布图,见图 9-10。

按水资源四级区和行政分区分别进行地下水矿化度面积分布情况统计,见表 9.9,9.10。

分析成果：以水资源四级区来看，泰安市地下水矿化度主要集中在 500＜M≤1 000 mg/L、1 000＜M≤2 000 mg/L，大汶河区主要集中在 500＜M≤1 000 mg/L、1 000＜M≤2 000 mg/L 区间；汶宁区主要集中在 500＜M≤1 000 mg/L。

以县市区来看，矿化度在 500＜M≤1 000 mg/L，占全市总面积的 82.4%，泰安市各县市区分布较多且较均匀，矿化度在 1 000＜M≤2 000 mg/L，占全市总面积的 16.2%，除泰山区外各县市区均有分布；其次在 300＜M≤500 mg/L 之间，占全市总面积的 1.4%，分布在泰山区、岱岳区、新泰市。

图 9-10　泰安市平原区浅层地下水矿化度分布图

表 9.9　泰安市平原区浅层地下水矿化度面积分布(按水资源分区)

单位：矿化度(mg/L)，井数(眼)，面积(km²)

水资源四级区	水资源三级区	水资源三级区所在			平原区面积 A	监测井数	地下水矿化度分类面积							
		水资源一级区	水资源二级区	地级行政区			合计 F	M≤300	300＜M≤500	500＜M≤1 000	1 000＜M≤2 000	2 000＜M≤3 000	3 000＜M≤5 000	M>5 000
大汶河区	大汶河区	黄河区	花园口以下	泰安市	2 622.77	29	2 622.77	0.00	47.42	2 241.94	333.41	0.00	0.00	0.00
汶宁区	湖东区	淮河区	沂沭泗河	泰安市	586.00	11	586.00	0.00	0.00	394.23	191.77	0.00	0.00	0.00

表 9.10　泰安市平原区浅层地下水矿化度面积分布(按行政分区)

单位：矿化度(mg/L)，井数(眼)，面积(km²)

县级行政区	县级行政区所在		平原区面积 A	监测井数	地下水矿化度分类面积							
	省级行政区	地级行政区			合计 F	M≤300	300＜M≤500	500＜M≤1 000	1 000＜M≤2 000	2 000＜M≤3 000	3 000＜M≤5 000	M>5 000
泰山区	山东省	泰安市	68.0	5	68.0	0.00	2.92	65.08	0.00	0.00	0.00	0.00
岱岳区	山东省	泰安市	637.0	7	637.0	0.00	3.84	583.29	49.87	0.00	0.00	0.00
新泰市	山东省	泰安市	487.0	9	487.0	0.00	40.65	389.45	56.90	0.00	0.00	0.00
肥城市	山东省	泰安市	559.8	7	559.8	0.00	0.00	524.85	34.92	0.00	0.00	0.00
宁阳县	山东省	泰安市	513.0	6	513.0	0.00	0.00	279.17	233.83	0.00	0.00	0.00
东平县	山东省	泰安市	1 040.0	6	1 040.0	0.00	0.00	881.41	158.59	0.00	0.00	0.00

9.2.1.4 水化学类型分布

选用 K^+ + Na^+、Ca^{2+}、Mg^{2+}、HCO_3^-、SO_4^{2-}、Cl^- 等项目，采用舒卡列夫分类法，确定地下水化学类型。根据地下水中 6 种主要离子（Na^+、Ca^{2+}、Mg^{2+}、HCO_3^-、SO_4^{2-}、Cl^-，K^+ 合并于 Na^+）分析结果，将 6 种主要离子中物质的量含量大于 25% 的阴离子和阳离子进行组合，可组合出 49 型水，并将每型用一个阿拉伯数字作为代号，见表 9.11。同时，按矿化度（M）的大小划分为 4 组：A 组（$M \leqslant 1.5$ g/L）；B 组（$1.5 < M \leqslant 10$ g/L）；C 组（$10 < M \leqslant 40$ g/L）；D 组（$M \geqslant 40$ g/L）。地下水化学类型用数字（1～49）与字母（A～D）组合在一起的表达式表示。

表 9.11 舒卡列夫分类图表

超过 25% 物质的量的离子	HCO_3^-	HCO_3^- + SO_4^{2-}	HCO_3^- + SO_4^{2-} + Cl^-	HCO_3^- + Cl^-	SO_4^{2-}	SO_4^{2-} + Cl^-	Cl^-
Ca^{2+}	1	8	15	22	29	36	43
Ca^{2+} + Mg^{2+}	2	9	16	23	30	37	44
Mg^{2+}	3	10	17	24	31	38	45
Na^+ + Ca^{2+}	4	11	18	25	32	39	46
Na^+ + Ca^{2+} + Mg^{2+}	5	12	19	26	33	40	47
Na^+ + Mg^{2+}	6	13	20	27	34	41	48
Na^+	7	14	21	28	35	42	49

地下水化学类型采用舒卡列夫分类法，49 型水分区标准为：1 区（1～3 型），2 区（4～6 型），3 区（7 型），4 区（8～10 型、15～17 型、22～24 型），5 区（11～13 型、18～20 型、25～27 型），6 区（14 型、21 型、28 型），7 区（29～31 型、36～38 型），8 区（32～34 型、39～41 型），9 区（35 型、42 型），10 区（43～45 型），11 区（46～48 型），12 区（49 型）。

绘制泰安市平原区浅层地下水化学类型分布图（见图 9-11）和泰安市地下水化学类型分布情况统计（见表 9.12，表 9.13）。

分析成果：以水资源四级区来看，矿化度以 A 组为主，泰安市地下水以 4 区为主，大汶河区和汶宁区都主要为 4 区 A 组，另有少量分布在 5 区、1 区和 2 区；

以县市区来看，泰安市六县市区大多数为 4 区分布；泰山区、岱岳区、宁阳县、东平县有 5 区分布；另外肥城市和东平县零星分布着 1 区和 2 区；六县市区矿化度大多为 A 型，岱岳区、宁阳县、新泰市有零星 B 型分布。

9.2.2 地下水质现状

9.2.2.1 分析标准

按技术细则要求，地下水质分析以平原区及山丘区浅层地下水为主，按行政分区进行分析。采用 GB/T14848—2017《地下水质量标准》（见表 9.14），依据我国地下水质量状况和人体健康风险，参照生活饮用水、工业、农业等用水质量要求，依据各组分含量高低（pH 除外），分为五类。

表 9.12 泰安市平原区浅层地下水化学类型面积分布(按水资源分区)

单位:井数(眼),面积(km^2)

水资源四级区	水资源三级区	水资源三级区所在			平原区面积	监测井数	分区面积												
		水资源一级区	水资源二级区	省级行政区			合计	1区	2区	3区	4区	5区	6区	7区	8区	9区	10区	11区	12区
大汶河区	大汶河	黄河区	花园口以下	山东省	2 622.8	29	2 622.8	34.46	15.12	0.00	2 222.43	350.76	0.00	0.00	0.00	0.00	0.00	0.00	0.00
汶宁区	湖东区	淮河区	沂沭泗河	山东省	586.0	11	586.0	40.78	6.84	0.00	372.14	166.23	0.00	0.00	0.00	0.00	0.00	0.00	0.00

表 9.13 泰安市平原区浅层地下水化学类型面积分布(按行政分区)

单位:井数(眼),面积(km^2)

县级行政区	地级行政区	平原区面积 A	监测井数	分区面积												
				合计 F	1区	2区	3区	4区	5区	6区	7区	8区	9区	10区	11区	12区
泰山区	泰安市	68.0	5	68	0.00	0.00	0.00	65.42	2.58	0.00	0.00	0.00	0.00	0.00	0.00	0.00
岱岳区	泰安市	637.0	7	637	0.00	0.00	0.00	551.94	85.06	0.00	0.00	0.00	0.00	0.00	0.00	0.00
新泰市	泰安市	487.0	9	487	0.00	0.00	0.00	487.00	0.00	0.00	0.00	0.00	0.00	0.00	0.00	0.00
肥城市	泰安市	559.8	7	559.77	34.46	0.00	0.00	525.31	0.00	0.00	0.00	0.00	0.00	0.00	0.00	0.00
宁阳县	泰安市	513.0	6	513	0.00	0.00	0.00	418.40	94.60	0.00	0.00	0.00	0.00	0.00	0.00	0.00
东平县	泰安市	1 040.0	6	1 040	54.63	22.86	0.00	609.04	353.48	0.00	0.00	0.00	0.00	0.00	0.00	0.00

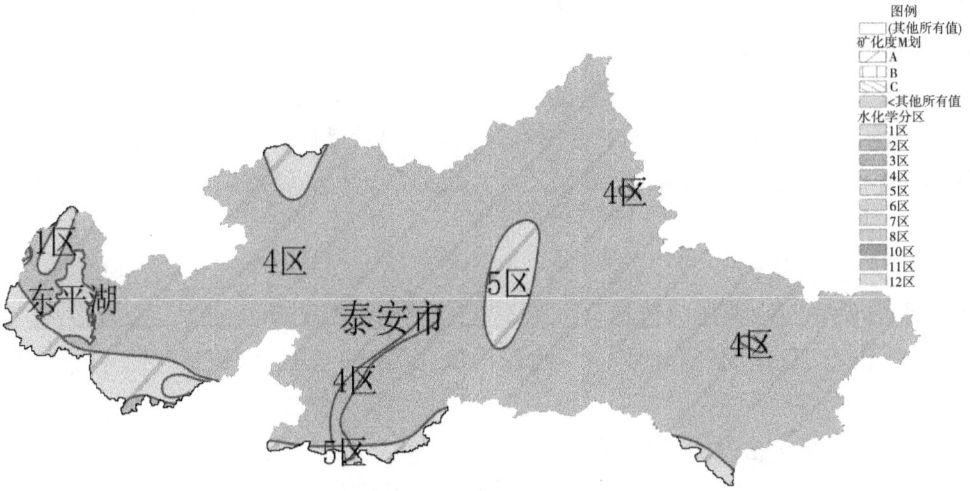

图 9-11 泰安市平原区浅层地下水化学类型分布图

表 9.14 地下水质量标准(GB/T14848—2017)

指标	Ⅰ类	Ⅱ类	Ⅲ类	Ⅳ类	Ⅴ类
pH	6.5～8.5			5.5～6.5 8.5～9.0	＜5.5,＞9.0
总硬度(mg/L)	≤150	≤300	≤450	≤650	＞650
溶解性总固体(mg/L)	≤300	≤500	≤1 000	≤2 000	＞2 000
硫酸盐(mg/L)	≤50	≤150	≤250	≤350	＞350
氯化物(mg/L)	≤50	≤150	≤250	≤350	＞350
铁(mg/L)	≤0.1	≤0.2	≤0.3	≤2.0	＞2.0
锰(mg/L)	≤0.05	≤0.05	≤0.10	≤1.50	＞1.50
挥发酚(mg/L)	≤0.001	≤0.001	≤0.002	≤0.01	＞0.01
高锰酸盐指数(mg/L)	≤1.0	≤2.0	≤3.0	≤10.0	＞10.0
硝酸盐氮(mg/L)	≤2.0	≤5.0	≤20.0	≤30.0	＞30.0
亚硝酸盐氮(mg/L)	≤0.01	≤0.10	≤1.00	≤4.80	＞4.80
氨氮(mg/L)	≤0.02	≤0.10	≤0.50	≤1.50	＞1.50
氟化物(mg/L)	≤1.0	≤1.0	≤1.0	≤2.0	＞2.0
氰化物(mg/L)	≤0.001	≤0.01	≤0.05	≤0.1	＞0.1
汞(mg/L)	≤0.000 1	≤0.000 1	≤0.001	≤0.002	＞0.002
砷(mg/L)	≤0.001	≤0.001	≤0.01	≤0.05	＞0.05
镉(mg/L)	≤0.0001	≤0.001	≤0.005	≤0.01	＞0.01
铬(六价)(mg/L)	≤0.005	≤0.01	≤0.05	≤0.10	＞0.10
铅(mg/L)	≤0.005	≤0.005	≤0.01	≤0.10	＞0.10

Ⅰ类:地下水化学组分含量低,适用于各种用途;

Ⅱ类:地下水化学组分含量较低,适用于各种用途;

Ⅲ类:地下水化学组分含量中等,以GB 5749—2006为依据,主要适用于集中式生活饮用水水源及工农业用水;

Ⅳ类:地下水化学组分含量较高,以农业和工业用水质量要求以及一定水平的人体健康风险为依据,适用于农业和部分工业用水,适当处理后可作为生活饮用水;

Ⅴ类:地下水化学组分含量高,不宜作为生活饮用水水源,其他用水可根据使用目的选用。

9.2.2.2 分析指标

地下水水质类别分析指标包括pH、总硬度、溶解性总固体、硫酸盐、氯化物、氨氮、挥发酚、高锰酸盐指数、氟化物、氰化物、砷、硝酸盐氮、亚硝酸盐氮、六价铬、汞、铅、锰、铁、镉等十九项作为分析参数。

9.2.2.3 分析方法及分析结果

根据GB/T14848—2017《地下水质量标准》,采用单项指标法进行单井水质类别分析,单井水质类别按分析指标中最差指标的水质类别确定。

按水资源分区和行政分区地下水质监测井不同水质类别井数分别进行统计,结果见表9.15,9.16。

从中可知:取全市地下水质监测井32眼,符合Ⅴ类标准的占12.5%,符合Ⅳ类标准的占总分析井数的37.5%;符合Ⅲ类标准的占总分析井数的50%。

表9.15 泰安市平原区浅层地下水现状水质类别分析(按水资源分区)

单位:面积(km²),井数(眼),占比(%)

水资源四级区	水资源三级区	水资源三级区所在			平原区面积	分析选用井总数	Ⅰ类		Ⅱ类		Ⅲ类		Ⅳ类		Ⅴ类	
		水资源一级区	水资源二级区	地级行政区			井数	占比	井数	占比	井数	占比	井数	占比	井数	占比
大汶河区	大汶河区	黄河区	花园口以下	泰安市	2 622.8	23	0	0	0	0	11	47.8	9	39.1	3	13.0
汶宁区	湖东区	淮河区	沂沭泗河	泰安市	586.0	9	0	0	0	0	5	55.6	3	33.3	1	11.1

表9.16 泰安市平原区浅层地下水现状水质类别分析(按行政分区)

单位:面积(km²),井数(眼),占比(%)

县级行政区	县级行政区所在		平原区面积	分析选用井总数	Ⅰ类		Ⅱ类		Ⅲ类		Ⅳ类		Ⅴ类	
	省级行政区	地级行政区			井数	占比	井数	占比	井数	占比	井数	占比	井数	占比
泰山区	山东省	泰安市	68.0	4	0	0.0	0	0.0	4	100.0	0	0.0	0	0.0
岱岳区	山东省	泰安市	637.0	5	0	0.0	0	0.0	3	60.0	1	20.0	1	20.0
新泰市	山东省	泰安市	487.0	7	0	0.0	0	0.0	4	57.1	2	28.6	1	14.3
肥城市	山东省	泰安市	559.8	6	0	0.0	0	0.0	2	33.3	3	50.0	1	16.7
宁阳县	山东省	泰安市	513.0	5	0	0.0	0	0.0	1	20.0	3	60.0	1	20.0
东平县	山东省	泰安市	1 040.0	5	0	0.0	0	0.0	2	40.0	3	60.0	0	0.0

9.2.3 重要地下水饮用水水源地水质

本次重要地下水饮用水水源地的分析对象为：列入《全国重要饮用水水源地名录(2016年)》的地下水水源地和列入《山东省重要饮用水水源地名录(2017 年)》的地下水水源地，重要地下水饮用水水源地单井现状水质分析方法与 8.3 节相同。各监测井监测值超过现行标准中的Ⅲ类标准限值的指标均为水源地的超标指标。水质类别为Ⅰ～Ⅲ类的水源地称为水质达标水源地。

在分析的泰安市 13 处地下水水源地水质中，Ⅱ类 1 处，Ⅲ类 5 处，Ⅴ类 2 处，合格率为 86.1%，超标指标主要为总硬度、溶解性总固体、硝酸盐氮以及硫酸盐，超标影响因素为大多为天然因素，少部分为混合因素和人为因素，地下水饮用水源地水质监测成果见表 9.17。

表 9.17　泰安市重要地下水饮用水水源地水质分析

单位：日开采能力、实际开采量(万 m^3)

水源地名称	县级	投入运行年份	地下水类型	地下水水源地类型	日供水能力	2016 年实际开采量	受水区名称	水质类别	超标指标名称	超标影响因素
泰安市东武水源地	岱岳区	1998	浅层地下水	日常使用	5	238	岱岳区	Ⅲ		人为因素
岱岳区范镇新源自来水公司水源地	岱岳区	2015	浅层地下水	日常使用	0.3	108	岱岳区	Ⅲ		天然因素
泰安市旧县水源地	泰山区	1982	浅层地下水	应急备用	5	166	泰山区	Ⅲ		混合因素
泰安市苑庄水源地	泰山区	2010	浅层地下水	日常使用	1	34	泰山区	Ⅱ		天然因素
新矿集团小协水源地	新泰市		浅层地下水	停用		0	新泰市	Ⅲ		天然因素
新矿集团陈庄水源地	新泰市		浅层地下水	停用		0	新泰市	Ⅴ		混合因素
肥城市边院镇供水站水源地	肥城市	1989	浅层地下水	日常使用	0.1—0.2	41	肥城市	Ⅲ		天然因素
肥城市汶阳镇供水站水源地	肥城市	2012	浅层地下水	日常使用	0.11	101.803 5	肥城市	Ⅲ		天然因素
肥城市城区水源地	肥城市	1998	浅层地下水	日常使用	0.144	50	肥城市	Ⅲ		天然因素
宁阳县城区水源地	宁阳县	2003	浅层地下水	日常使用	2.2	308	宁阳县	Ⅲ		天然因素
东平县源泉供水公司水源地	东平县	2009	浅层地下水	日常使用	0.5	96.2	东平县	Ⅲ		天然因素
东平县老湖镇汇达供水服务中心水源地	东平县	2007	浅层地下水	日常使用	0.5	93.1	东平县	Ⅴ		混合因素
东平县城区水源地	东平县	1979	浅层地下水	日常使用	3	286.74	东平县	Ⅲ		天然因素

9.2.4 地下水水质变化趋势

地下水水质变化趋势分析指标包括总硬度、矿化度、高锰酸盐指数、氨氮、硝酸盐氮、氟化物、氯化物和硫酸盐 8 个项目。

选用 2000—2016 年水质资料进行统计分析，采用分析指标监测值的年均变化率，进行单井地下水水质变化趋势分析，将分析指标 i 的变化趋势分成水质恶化($RC_i>5\%$)、水质稳定($-5\%\leqslant RC_i\leqslant 5\%$)和水质改善($RC_i<-5\%$)三类。

表 9.18　泰安市平原区浅层地下水水质变化趋势

县级行政区	县级行政区所在		水质变化趋势分析选用井总数	统计项目名称	总硬度			矿化度			耗氧量			氨氮			硝酸盐			氟化物			氯化物			硫酸盐		
	省级行政区	地级行政区			水质恶化	水质稳定	水质改善	水质恶化	水质稳定	水质改善	水质恶化	水质稳定	水质改善	水质恶化	水质稳定	水质改善	水质恶化	水质稳定	水质改善	水质恶化	水质稳定	水质改善	水质恶化	水质稳定	水质改善	水质恶化	水质稳定	水质改善
泰山区	山东省	泰安市	4	井数	0	4	0	0	4	0	2	2	0	0	2	2	4	0	0	4	0	0	3	1	0	1	3	0
				占比%	0	100	0	0	100	0	50	50	0	0	50	50	100	0	0	100	0	0	75	25	0	25	75	0
岱岳区	山东省	泰安市	5	井数	2	3	0	3	2	0	2	3	0	4	0	1	3	2	0	2	3	0	3	2	0	1	4	0
				占比%	40	60	0	60	40	0	40	60	0	80	0	20	60	40	0	40	60	0	60	40	0	20	80	0
新泰市	山东省	泰安市	7	井数	0	7	0	0	7	0	1	4	0	2	2	1	3	2	0	4	1	0	2	4	1	1	6	0
				占比%	0	100	0	0	100	0	14	57	0	29	29	14	.43	29	0	57	14	0	29	57	14	14	86	0
肥城市	山东省	泰安市	4	井数	2	2	0	2	2	0	0	3	0	2	0	1	0	3	0	1	2	0	3	1	0	2	2	0
				占比%	50	50	0	50	50	0	0	50	0	50	0	25	0	75	0	25	50	0	75	25	0	50	50	0
宁阳县	山东省	泰安市	5	井数	0	5	0	1	4	0	1	4	0	1	3	1	2	2	1	3	2	0	4	1	0	4	1	0
				占比%	0	100	0	20	80	0	20	80	0	20	60	20	40	40	20	60	40	0	80	20	0	80	20	0
东平县	山东省	泰安市	4	井数	0	4	0	0	4	0	0	4	0	3	0	1	4	0	0	0	4	0	4	0	0	3	1	0
				占比%	0	100	0	0	100	0	0	100	0	75	0	25	100	0	0	0	100	0	100	0	0	75	25	0

根据分析指标 i 在 2000 年(t_1)监测值 C_{i1}、在 2016 年(t_2)监测值 C_{i2}，计算分析指标 i 监测值的年均变化量 ΔC_i：

$$\Delta C_i = (C_{i2} - C_{i1})/(t_2 - t_1)$$

分析指标 i 监测值的年均变化率 RC_i 则为：

$$RC_i = \Delta C_i / C_{i1} \times 100\%$$

在单井水质变化趋势分析的基础上，分别统计分析汇总单元、重点流域各分析指标的水质恶化、水质稳定、水质改善三类井井数及其占地下水水质变化趋势选用井总数的百分比。泰安市平原区浅层地下水水质变化趋势分析成果见表 9.18。

分析成果：泰安近年来地下水水质状况变化整体趋于稳定。

10

主要污染物入河量及水生态调查分析

10.1 主要污染物入河量

（1）主要污染物入河量是指主要污染物入河、入湖（库）量。核算内容包括两部分：一是对点污染源入河量进行调查核算，二是对重要江河湖泊水质造成影响的面污染源入河量进行调查估算。

（2）本次以点污染源入河量核算为重点，调查入河湖库的排污口及其主要污染物入河量，并按照排入全部水域与水功能区两种水域范围统计核算。面源污染物入河量仅对典型区域进行估算，典型区域主要包括：区划涉及湖泊水库、调水水源地或流经水域以及被列入全省重要饮用水水源地名录中的湖库流域。

（3）主要污染物指COD和氨氮，湖库水体还应包括总氮（TN）和总磷（TP）。主要污染物入河量调查采用2016年的监测数据。主要污染物入河量按年度进行核算，按照水资源四级区和县级行政区进行统计。

（4）主要污染物入河量调查采用2016年的监测数据。

（5）主要污染物入河量按年度进行核算，按照水资源四级区和县级行政区进行统计。

10.1.1 点源污染物入河量

（1）点源污染物入河量指通过入河排污口（含入河退水口）进入地表水体的废污水及污染物量。点源污染物入河量原则上根据各入河排污口的实测数据进行核算。

（2）点源污染物入河量调查对象为入河排污口。调查所有入河排污口的位置、数量、分布、类型及入河方式、污水性质、排放规律与废污水及主要污染物入河量，排污口位于水功能区划水域的还应包括水功能区信息，见表10.1。泰安市2016年排污口监测点88个。

（3）点源主要污染物入河量主要利用入河排污口实测数据获得，具体方法参照《水域纳污能力计算规程》（GB/T25173—2010）及《入河排污量统计技术规程》（SL662—2014）的相关规定。

表 10.1 2016 年泰安市主要污染物入河排污口相关信息表

序号	入河排污口名称	所在					排入水功能区				入河方式	污水主要来源	污水排放方式	入河排污口规模	是否开展监测	是否已批准或登记	废污水年排放量(万 t/a)	主要污染物年入河量(t/a)			
		水资源二级区	水资源三级区	地市	县	河流湖库	是否划定水功能区	一级水功能区名称	二级水功能区名称	重要水功能区索引码								化学需氧量	氨氮	总氮	总磷
1	泰安市泰山区泰安市第一污水处理厂混合入河排污口	花园口以下	大汶河区	泰安	泰山区	泮汶河	是	大汶河莱芜泰安开发利用区	大汶河泰安工业用水区	大汶河区	管道	城镇污水处理厂	连续		是	是	410.7	77.5	94.6	58.1	17.0
2	泰安市泰山区泰安市第二污水处理厂混合入河排污口	花园口以下	大汶河区	泰安	泰山区	泮汶河	是	大汶河莱芜泰安开发利用区	大汶河泰安工业用水区	大汶河区	管道	城镇污水处理厂	连续		是	是	498.7	72.0	33.3	37.2	29.0
3	泰安市泰山区泰安市嘉诚净水有限公司生活入河排污口	花园口以下	大汶河区	泰安	泰山区	明堂河	是	大汶河莱芜泰安开发利用区	大汶河泰安工业用水区	大汶河区	管道	工业、生活直排	连续		是	是	595.2	79.8	11.5	54.3	4.1
4	泰安市泰山区省庄工业园区混合入河排污口	花园口以下	大汶河区	泰安	泰山区	明堂河	是	大汶河莱芜泰安开发利用区	大汶河泰安工业用水区	大汶河区	管道	工业、生活直排	连续		是	是	0.0	0.0	0.0	0.0	0.0
5	泰安市岱岳区山东省联合农药工业有限公司工业入河排污口	花园口以下	大汶河区	泰安	岱岳区	大汶河	是	大汶河莱芜泰安开发利用区	大汶河泰安工业用水区	大汶河区	管道	工业废水	间歇		是	是	2.6	2.8	0.1	0.9	0.0
6	泰安市岱岳区泰安丰辉同凯食品有限公司工业入河排污口	花园口以下	大汶河区	泰安	岱岳区	胜利渠	是	瀛汶河莱芜泰安开发利用区	瀛汶河泰安农业用水区	大汶河区	管道	工业废水	间歇		是	是	9.2	1.7	0.2	1.1	0.1

（续表）

序号	入河排污口名称	所在					排入水功能区				入河方式	污水主要来源	污水排放方式	入河排污口规模	是否开展监测	是否已批准或登记	废污水年排放量（万 t/a）	主要污染物年入河量(t/a)			
		水资源二级区	水资源三级区	地市	县	河流湖库	是否划定水功能区	一级水功能区名称	二级水功能区名称	重要水功能区索引码								化学需氧量	氨氮	总氮	总磷
7	泰安市岱岳区泰安富泰毛纺织有限公司工业入河排污口	花园口以下	大汶河区	泰安	岱岳区	胜利渠	是	瀛汶河莱芜泰安开发利用区	瀛汶河泰安农业用水区	大汶河区	管道	工业废水	连续		是	是	12.4	9.1	0.7	5.5	0.0
8	泰安市岱岳区岱银新宇纺织有限公司工业入河排污口	花园口以下	大汶河区	泰安	岱岳区	大汶河	是	大汶河莱芜泰安开发利用区	大汶河泰安工业用水区	大汶河区	管道	工业废水	连续		是	是	4.7	2.4	0.4	1.9	0.1
9	泰安市岱岳区泰安鲁怡针织印染有限公司工业入河排污口	花园口以下	大汶河区	泰安	岱岳区	石汶河	是	石汶河泰安开发利用区	石汶河泰安农业用水区	大汶河区	明渠	工业废水	间歇		是	是	22.9	16.8	1.2	2.4	0.1
10	泰安市岱岳区泰安市中泰纸业有限公司工业入河排污口	花园口以下	大汶河区	泰安	岱岳区	石汶河	是	石汶河泰安开发利用区	石汶河泰安农业用水区	大汶河区	管道	工业废水	连续		是	是	119.6	91.1	3.7	17.6	0.2
11	泰安市岱岳区泰安金辉制衣有限公司工业入河排污口	花园口以下	大汶河区	泰安	岱岳区	西河	是	瀛汶河莱芜泰安开发利用区	瀛汶河泰安农业用水区	大汶河区	明渠	工业废水	连续		是	是	6.6	2.6	0.4	2.1	0.0
12	泰安市岱岳区龙泉水务（泰安）有限公司工业入河排污口	花园口以下	大汶河区	泰安	岱岳区	漕浊河	是	大汶河莱芜泰安开发利用区	大汶河泰安工业用水区	大汶河区	明渠	城镇污水处理厂	连续		是	是	274.6	32.5	17.0	50.4	0.6

（续表）

序号	入河排污口名称	所在					排入水功能区				入河方式	污水主要来源	污水排放方式	入河排污口规模	是否开展监测	是否已批准或登记	废污水年排放量(万 t/a)	主要污染物年入河量(t/a)			
		水资源二级区	水资源三级区	地市	县	河流湖库	是否划定水功能区	一级水功能区名称	二级水功能区名称	重要水功能区索引码								化学需氧量	氨氮	总氮	总磷
13	泰安市岱岳区新汶矿业集团有限责任公司泰山盐化工分公司排污口	花园口以下	大汶河区	泰安	岱岳区	小曹河	是	大汶河莱芜泰安开发利用区	大汶河泰安工业用水区	大汶河区	管道	工业废水	连续		是	是	11.0	3.3	0.2	1.5	0.1
14	泰安市岱岳区金利啤酒原料有限公司工业入河排污口	花园口以下	大汶河区	泰安	岱岳区	泮汶河	是	大汶河莱芜泰安开发利用区	大汶河泰安工业用水区	大汶河区	管道	工业废水	间歇		是	是	3.2	1.6	0.2	0.7	0.0
15	泰安市岱岳区生力源生物科技有限公司工业入河排污口	花园口以下	大汶河区	泰安	岱岳区	泮汶河	是	大汶河莱芜泰安开发利用区	大汶河泰安工业用水区	大汶河区	管道	工业废水	间歇		是	是	4.7	10.0	0.1	0.7	0.0
16	新泰市污水处理厂混合入河排污口	花园口以下	大汶河区	泰安	新泰市	平阳河	是	平阳河新泰保留区		大汶河区	明渠	城镇污水处理厂	连续		是	是	374.2	82.1	23.7	33.8	7.4
17	新泰市新汶污水处理厂混合入河排污口	花园口以下	大汶河区	泰安	新泰市	柴汶河	是	光明河新泰保留区		大汶河区	明渠	城镇污水处理厂	连续		是	是	362.6	23.6	30.0	38.5	3.5
18	新泰市新矿集团协庄矿混合入河排污口	花园口以下	大汶河区	泰安	新泰市	柴汶河	是	柴汶河泰安开发利用区	柴汶河泰安工业用水区	大汶河区	管道	工业企业	连续		是	是	230.3	57.1	5.4	20.6	0.6

（续表）

序号	入河排污口名称	所在					排入水功能区				入河方式	污水主要来源	污水排放方式	入河排污口规模	是否开展监测	是否已批准或登记	废污水年排放量（万 t/a）	主要污染物年入河量(t/a)			
		水资源二级区	水资源三级区	地市	县	河流湖库	是否划定水功能区	一级水功能区名称	二级水功能区名称	重要水功能区索引码								化学需氧量	氨氮	总氮	总磷
19	新泰市大洛沟工业入河排污口	花园口以下	大汶河区	泰安	新泰市	西周河	是	柴汶河泰安开发利用区	柴汶河泰安工业用水区	大汶河区	明渠	工业废水	连续		是	是	156.9	62.7	12.0	22.8	0.4
20	新泰市新矿集团盛泉矿业工业入河排污口	花园口以下	大汶河区	泰安	新泰市	迈莱河	是	柴汶河泰安开发利用区	柴汶河泰安工业用水区	大汶河区	明渠	工业废水	连续		是	是	28.9	18.1	6.4	12.6	0.4
21	新泰市新矿集团华恒矿业混合入河排污口	花园口以下	大汶河区	泰安	新泰市	柴汶河	是	柴汶河泰安开发利用区	柴汶河泰安工业用水区	大汶河区	管道	工业企业	连续		是	是	36.8	4.7	1.9	7.9	0.2
22	肥城市康龙污水处理厂混合入河排污口	花园口以下	大汶河区	泰安	肥城市	康王河	是	汇河泰安开发利用区	汇河肥城农业用水区	大汶河区	明渠	城镇污水处理厂	连续		是	是	283.3	88.0	11.2	14.1	6.6
23	肥城市康汇污水处理厂混合入河排污口	花园口以下	大汶河区	泰安	肥城市	康王河	是	汇河泰安开发利用区	汇河肥城农业用水区	大汶河区	管道	城镇污水处理厂	连续		是	是	350.3	17.5	32.4	10.6	6.5
24	肥城市泰安瑞泰纤维素有限公司工业入河排污口	花园口以下	大汶河区	泰安	肥城市	大汶河	是	大汶河莱芜泰安开发利用区	大汶河泰安工业用水区	大汶河区	管道	工业废水	间歇		是	是	3.2	0.4	0.1	1.1	0.0
25	宁阳县山东天和纸业有限公司工业入河排污口	沂沭泗河	湖东区	泰安	宁阳县	洸府河	是	洸府河泰安济宁开发利用区	洸府河宁阳过渡区	湖东区	明渠	工业企业直排	连续		是	是	190.3	24.9	6.8	44.0	0.5

（续表）

序号	入河排污口名称	所在					排入水功能区				入河方式	污水主要来源	污水排放方式	入河排污口规模	是否开展监测	是否已批准或登记	废污水年排放量(万 t/a)	主要污染物年入河量(t/a)			
		水资源二级区	水资源三级区	地市	县	河流湖库	是否划定水功能区	一级水功能区名称	二级水功能区名称	重要水功能区索引码								化学需氧量	氨氮	总氮	总磷
26	宁阳县山东华兴纺织集团有限公司工业入河排污口	沂沭泗河	湖东区	泰安	宁阳县	洸府河	是	洸府河泰安济宁开发利用区	洸府河宁阳过渡区	湖东区	明渠	工业企业直排	连续		是	是	32.1	3.3	0.5	6.4	0.1
27	宁阳县城市污水处理厂混合入河排污口	沂沭泗河	湖东区	泰安	宁阳县	宁阳沟	是	洸府河泰安济宁开发利用区	洸府河宁阳过渡区	湖东区	明渠	城镇污水处理厂	连续		是	是	491.0	17.0	63.8	42.5	17.8
28	宁阳县山东恒信集团焦化有限公司工业入河排污口	沂沭泗河	湖东区	泰安	宁阳县	洸府河	是	洸府河泰安济宁开发利用区	洸府河宁阳过渡区	湖东区	明渠	工业企业直排	连续		是	是	71.0	35.2	8.6	38.6	0.4
29	宁阳县山东华阳农药化工集团有限公司工业入河排污口	花园口以下	大汶河区	泰安	宁阳县	海子河	是	大汶河莱芜泰安开发利用区	大汶河泰安工业用水区	大汶河区	明渠	工业企业直排	连续		是	是	3.2	0.4	0.1	1.9	0.0
30	宁阳县新汶矿业集团有限公司华丰煤矿工业入河排污口	花园口以下	大汶河区	泰安	宁阳县	故城河	是	柴汶河泰安开发利用区	柴汶河泰安工业用水区	大汶河区	明渠	工业企业直排	连续		是	是	20.5	3.5	0.4	3.2	0.0
31	东平县瑞星集团有限公司工业入河排污口	沂沭泗河	湖东区	泰安	东平县	苇子河	是	梁济运河济宁调水水源保护区		湖东区	明渠	本公司生产污水	连续		是	是	246.2	17.0	3.7	28.9	2.3

（续表）

序号	入河排污口名称	所在					排入水功能区				入河方式	污水主要来源	污水排放方式	入河排污口规模	是否开展监测	是否已批准或登记	废污水年排放量(万 t/a)	主要污染物年入河量(t/a)			
		水资源二级区	水资源三级区	地市	县	河流湖库	是否划定水功能区	一级水功能区名称	二级水功能区名称	重要水功能区索引码								化学需氧量	氨氮	总氮	总磷
32	东平县东平街道混合入河排污口	花园口以下	大汶河区	泰安	东平县	稻屯洼	是	大汶河东平缓冲区		大汶河区	明渠	城镇污水处理厂	连续		是	是	250.9	24.4	15.0	33.7	24.8

（4）对有水质水量实测资料的入河排污口，根据废污水排放量和水质监测资料，按下式估算主要污染物入河量：

$$W_{排} = 10-6 \times Q_{排} \times C_{排}$$

式中：

$W_{排}$——某种污染物的年入河量，t/a；

$Q_{排}$——废污水年入河量，t/a；

$C_{排}$——某种污染物的年均入河浓度，mg/L。

（5）入河排污口调查结果不仅与地区排污状况、经济发展水平、产业结构和工艺技术、地区工业和生活用水量相关，还与企业的管理水平、污染治理水平有关，因此各种数据如用水量、污染源废污水排放量、入河量之间要符合一定的规律。应对入河排放量数据的合理性进行检验。具体为：

a. 检验入河排污口废污水量与污染源废污水排放量之间关系的合理性；

b. 检验入河排污口污染物质量与污染源污染物排放量的合理性；

c. 结合地区特点，对不同地区的入河废污水量进行比较和合理性分析。

（6）按县级行政区和水资源四级区统计点源入河废污水量与主要污染物入河量。将按县级行政区、水资源四级区和重点流域点源入河污染物统计的分析成果见表 10.2～表 10.4。

泰安市流域点源入河污染，废物水量排放量最高的为大汶河泰安工业用水区，废污水量为 4 611.9 万 t/a；化学需氧量排放量最高的为大汶河泰安工业用水区，为 1 182.8 t/a；氨氮排放量最高的为大汶河泰安工业用水区，为 157.7 t/a；总氮排放量最高的为大汶河泰安工业用水区，为 1 008.7 t/a；总磷排放量最高的为大汶河泰安工业用水区，为 50.9 t/a。废物水量排放量最低的为瀛汶河泰安农业用水区，废污水量为 28.1 万 t/a；化学需氧量排放量最低的为瀛汶河泰安农业用水区，为 13.4 t/a；氨氮排放量最低的为瀛汶河泰安农业用水区，为 1.3 t/a；总氮排放量最低的为瀛汶河泰安农业用水区，为 8.7 t/a；总磷排放量最低的为瀛汶河泰安农业用水区，为 0.1 t/a。

其中，石汶河泰安农业用水区中废污水量为 142.4 万 t/a，化学需氧量为 107.8 t/a，氨氮为 5.0 t/a，总氮为 20.01 t/a，总磷为 0.3 t/a；平阳河新泰保留区中废污水量为 974.2 万 t/a，化学需氧量为 182.1 t/a，氨氮为 23.7 t/a，总氮为 233.81 t/a，总磷为 7.4 t/a；光明河新泰保留区中废污水量为 1 362.6 万 t/a，化学需氧量为 523.6 t/a，氨氮为 30.0 t/a，总氮为 338.5 t/a，总磷为 3.5 t/a；柴汶河泰安工业用水区中废污水量为 573.4 万 t/a，化学需氧量为 146.21 t/a，氨氮为 26.0 t/a，总氮为 67.0 t/a，总磷为 1.6 t/a；汇河肥城农业用水区中废污水量为 1 433.6 万 t/a，化学需氧量为 305.5 t/a，氨氮为 43.6 t/a，总氮为 224.6 t/a，总磷为 13.1 t/a；大汶河东平缓冲区中废污水量为 1 450.9 万 t/a，化学需氧量为 124.4 t/a，氨氮为 15.0 t/a，总氮为 433.7 t/a，总磷为 24.8 t/a；洸府河宁阳过渡区中废污水量为 1 084.3 万 t/a，化学需氧量为 180.4 t/a，氨氮为 79.7 t/a，总氮为 431.4 t/a，总磷为 18.7 t/a；梁济运河济宁调水水源保护区中废污水量为 246.2 万 t/a，化学需氧量为 17.0 t/a，氨氮为 3.7 t/a，总氮为 128.9 t/a，总磷为 2.3 t/a。

表 10.2　泰安市重点流域点源入河污染物成果表(按水资源分区)

水资源二级区	水资源三级区	水资源四级区	全口径入河污染物总量						水功能区划水体入河污染物总量					
			废污水量(万 t/a)	化学需氧量(t/a)	氨氮(t/a)	总氮(t/a)	总磷(t/a)	其他指标(t/a)	废污水量(万 t/a)	化学需氧量(t/a)	氨氮(t/a)	总氮(t/a)	总磷(t/a)	其他指标(t/a)
花园口以下	大汶河区	大汶河区	10 577.2	2 585.8	302.3	2 335.1	101.7	451.3	10 577.2	2 585.8	302.3	2 335.1	101.7	451.3
沂沭泗河	湖东区	汶宁区	1 330.6	197.4	83.4	560.3	21.0	35.8	1 330.6	197.4	83.4	560.3	21.0	35.8

表 10.3　泰安市流域点源入河污染物成果表(按行政分区)

省级行政区	地级行政区	县级行政区	全口径入河污染物总量						水功能区划水体入河污染物总量					
			废污水量(万 t/a)	化学需氧量(t/a)	氨氮(t/a)	总氮(t/a)	总磷(t/a)	其他指标(t/a)	废污水量(万 t/a)	化学需氧量(t/a)	氨氮(t/a)	总氮(t/a)	总磷(t/a)	其他指标(t/a)
山东	泰安	泰山区	4 304.7	1 129.2	139.4	949.6	50.1	203.9	4 304.7	1 129.2	139.4	949.6	50.1	203.9
山东	泰安	岱岳区	471.5	174.0	24.3	84.9	1.2	27.4	471.5	174.0	24.3	84.9	1.2	27.4
山东	泰安	肥城市	1 436.7	305.9	43.8	225.7	13.1	53.3	1 436.7	305.9	43.8	225.7	13.1	53.3
山东	泰安	新泰市	2 889.7	848.3	79.4	636.2	12.4	143.2	2 889.7	848.3	79.4	636.2	12.4	143.2
山东	泰安	宁阳县	1 108.0	184.4	80.1	436.5	18.8	33.3	1 108.0	184.4	80.1	436.5	18.8	33.3
山东	泰安	东平县	1 697.2	141.4	18.6	562.6	27.1	26.1	1 697.2	141.4	18.6	562.6	27.1	26.1

表 10.4 泰安市流域重点河流点源入河污染物成果表

河流名称	河流长度	水功能区		全口径入河污染物总量						水功能区划水体入河污染物总量					
		一级区	二级区	废污水量（万 t/a）	化学需氧量(t/a)	氨氮（t/a）	总氮（t/a）	总磷（t/a）	其他指标（t/a）	废污水量（万 t/a）	化学需要量(t/a)	氨氮（t/a）	总氮（t/a）	总磷（t/a）	其他指标（t/a）
大汶河	231	大汶河莱芜泰安开发利用区	大汶河泰安工业用水区	4 611.9	1 182.8	157.7	1 008.7	50.9	213.2	4 611.9	1 182.8	157.7	1 008.7	50.9	213.2
		瀛汶河莱芜泰安开发利用区	瀛汶河泰安农业用水区	28.1	13.4	1.3	8.7	0.1	2.0	28.1	13.4	1.3	8.7	0.1	2.0
		石汶河泰安开发利用区	石汶河泰安农业用水区	142.4	107.8	5.0	20.0	0.3	16.3	142.4	107.8	5.0	20.0	0.3	16.3
		平阳河新泰保留区		974.2	182.1	23.7	233.8	7.4	33.9	974.2	182.1	23.7	233.8	7.4	33.9
		光明河新泰保留区		1 362.6	523.6	30.0	338.5	3.5	84.2	1 362.6	523.6	30.0	338.5	3.5	84.2
		柴汶河泰安开发利用区	柴汶河泰安工业用水区	573.4	146.2	26.0	67.0	1.6	26.0	573.4	146.2	26.0	67.0	1.6	26.0
		汇河泰安开发利用区	汇河肥城农业用水区	1 433.6	305.5	43.6	224.6	13.1	53.2	1 433.6	305.5	43.6	224.6	13.1	53.2
		大汶河东平缓冲区		1 450.9	124.4	15.0	433.7	24.8	22.5	1 450.9	124.4	15.0	433.7	24.8	22.5

泰安市流域点源入河污染表中(按行政分区,表 10.3),废污水量排放量最高的为泰山区,废污水排放总量为 4 304.7 万 t/a;化学需氧量排放量最高的为泰山区,为 1 129.2 t/a;氨氮排放量最高的为泰山区,为 139.4 t/a;总氮排放量最高的为泰山区,为 949.6 t/a;总磷排放量最高的为泰山区,为 50.1 t/a。废污水量排放量最低的为岱岳区,废污水排放总量为 471.5 万 t/a;化学需氧量排放量最低的为东平县,为 141.4 t/a;氨氮排放量最低的为东平县,为18.6 t/a;总氮排放量最低的为岱岳区,为 84.9 t/a;总磷排放量最低的为岱岳区,为 1.2 t/a。

其中,泰山区废污水量为 4 304.7 万 t/a,化学需氧量为 1 129.2 t/a,氨氮为 139.4 t/a,总氮为 949.6 t/a,总磷为 50.1 t/a;岱岳区废污水量为 471.5 万 t/a,化学需氧量为 174.0 t/a,氨氮为 24.3 t/a,总氮为 84.9 t/a,总磷为 1.2 t/a;肥城市废污水量为 1 436.7 万 t/a,化学需氧量为 305.9 t/a,氨氮为 43.8 t/a,总氮为 225.7 t/a,总磷为 13.1 t/a;新泰市废污水量为 2 889.7 万 t/a,化学需氧量为 848.3 t/a,氨氮为 79.4 t/a,总氮为 636.2 t/a,总磷为 12.4 t/a;宁阳县废污水量为 1 108.0 万 t/a,化学需氧量为 184.4 t/a,氨氮为 80.1 t/a,总氮为 436.5 t/a,总磷为 18.8 t/a;东平县废污水量为 1 697.2 万 t/a,化学需氧量为 141.4 t/a,氨氮为 18.6 t/a,总氮为 562.6 t/a,总磷为 27.1 t/a。

泰安市流域点源入河污染物成果表中(按水资源分区,表 10.2),大汶河区全口径入河污染物总量中,废污水总量为 10 577.2 万 t/a;化学需氧量为 2 585.8 t/a;氨氮总量为 302.3 t/a;总氮总量为 2 335.1 t/a;总磷总量为 101.7 t/a。大汶河区水功能区划水体入河污染物总量与全口径入河污染物总量一致。汶宁区全口径入河污染物总量中,废污水总量为 1 330.6 万 t/a;化学需氧量为 197.4 t/a;氨氮总量为 83.4 t/a;总氮总量为 560.3 t/a;总磷总量为 21.0 t/a。汶宁区水功能区划水体入河污染物总量与全口径入河污染物总量一致。

泰安市大汶河流域重点河流点源入河污染物成果表中(按水资源分区,表 10.4),大汶河区全口径入河污染物总量中,废污水总量为 10 577.2 万 t/a;化学需氧量为2 585.8 t/a;氨氮总量为 302.3 t/a;总氮总量为 2 335.1 t/a;总磷总量为 101.7 t/a。

10.1.2 面源污染物入河量

(1) 面源污染物入河量指由农村生活、农田、分散式畜禽养殖、水土流失和城镇地表径流进入水域的污染物量。

(2) 面源污染物入河量估算内容分为面源源强和流失量(或排放量)调查,入河量估算两部分。一般采用产污系数法计算污染物源强,排污系数或流失系数计算污染物流失量或排放量。在污染物流失量或排放量基础上,采用入河系数计算污染物入河量。有条件的地方也可采用其他合理方法进行估算。

(3) 面源源强及流失量调查分析

① 农村生活污染物源强及排放量调查估算

农村生活污染面源源强调查主要包括农村生活污水和生活垃圾的源强,调查农村常住人口数量和人均用水量等指标。

农村生活废水及生活垃圾产生量和排放量估算采用人均产污系数法和人均排污系数法。农村生活污染面源源强产污系数为农村人口日均每人产生的生活污水与污染物量。

农村生活污染排污系数为农村人口日均每人排放到户外的生活污水与污染物量。

采用典型调查与类比分析相结合的方法确定农村人口产污系数与排放系数。不同地区可根据本地区的实际情况，以乡镇为基本行政单元统计农村人口，并估算其生活污水及生活垃圾产生的污染物量和排放量。

② 农田肥料和农药施用量及流失量调查估算

农田面源源强调查包括肥料及农药施用量调查和折纯量计算。肥料指化肥和有机肥，化肥包括氮肥、磷肥、钾肥、复合肥；有机肥包括商品有机肥、畜禽粪便等。肥料调查内容主要为肥料名称、有效成分及其含量、施用量、施用方法等。农药调查内容主要是农药名称、有效成分及其含量、施用量、施用方法等。应将肥料、农药折算成有效成分，肥料的有效成分以 N 和 P_2O_5 计，农药以有机氯、有机磷计。

肥料和农药的流失系数可根据本区域实际情况分析确定。根据肥料和农药的流失系数及其有效成分估算流失量。

③ 分散式畜禽养殖污染物产生量与排放量调查估算

分散式畜禽养殖污染主要调查猪、奶牛、肉牛、羊、大牲畜（马、驴、骡）、蛋鸡、肉鸡等的养殖数量。

采用典型调查与类比分析相结合的方法确定畜禽种类及其产污系数和排污系数。

根据畜禽种类和数量，采用产污系数和排污系数法，估算畜禽养殖产生的污染物量与排放量。

④ 城镇地表径流污染物流失量调查估算

城镇地表径流面源污染主要调查城镇区域的土地利用情况，包括居民区、商业区、工业区、公共设施、公路、城市空地、水面面积等。采用典型调查与类比分析相结合的方法，确定不同土地利用类型的径流污染物平均浓度。

城镇径流面源流失量可通过多场降雨的径流污染物平均浓度和年径流量计算得到。推荐使用计算城市地表径流污染负荷的简易模型：

$$L = R \times C \times A \times 10^{-6}$$

式中：L——年负荷量（kg）；

R——年径流量（mm）；

C——径流污染物平均浓度（mg/L）；

A——集水区面积（m^2）。

⑤ 水土流失污染物流失量调查估算

水土流失污染物流失量调查包括流域的土壤类型及其分区面积、土壤中总氮与总磷的平均含量、土壤流失状况、污染物富集比等。水土流失的污染物流失量采用以下公式估算。

$$w = \sum w_i A_i ER_i c_i \times 10^{-6}$$

式中：w——流域/区域随泥沙运移输出的污染负荷，t；

w_i——某一种土地利用类型单位面积泥沙流失量，t/km²；

A_i——某一种土地利用类型面积，km²；

ER_i——污染物富集系数；

c_i——土壤中总氮、总磷平均含量，mg/kg。

总磷富集比约 2.0，总氮富集比约 2.0～4.0。

(4) 面源污染物入河量估算

面源污染物入河量指由面污染源进入河（湖库）的污染物总量。面源污染物入河量估算可根据调查流域的特点及资料状况，选用合适的方法进行。

资料丰富的流域，可采用相对成熟的流域面源数学模型进行估算。模型参数可通过面源径流小区实验数据及流域把口站水文及水质监测数据进行率定验证。

资料不足的流域，可采用基于源强、流失量和入河量关系的经验公式进行估算。根据分析流域的地形地貌、土壤类型、植被类型、耕作管理制度、水文水资源、水系特征等，采用典型监测调查与类比分析相结合的方法，确定面源的产污系数和入河系数。根据产污系数和源强估算流失量，根据入河系数与流失量估算入河量。

有水质水量同步监测资料，且每月同步监测次数不少于 1 次的流域，宜通过流域把口水文断面的基流分割法估算污染物通量。也可根据国家有关水文分析的规定进行基流分割，再根据水质水量同步监测数据进行计算分析。用全年污染物通量扣除基流污染物通量估算流域面源入河量。

东平湖湖库中，面源类型主要包括：农村生活、农田肥料和农药、分散式畜禽养殖、水土流失、城镇地表径流。整个东平湖区面源产生量中所产生的化学需氧量面源产生量为 4 175.3 t/a，氨氮面源产生量为 125.5 t/a，总氮面源产生量为 1 066.2 t/a，总磷面源产生量为 804.5 t/a。其中分散式畜禽养殖化学需氧量最大，面源产生量为 3 111.4 t/a；分散式畜禽养殖总氮最大，面源产生量为 826.6 t/a，分散式畜禽养殖总磷最大，面源产生量为 623.0 t/a。城镇地表径流氨氮面源最大，产生量为 84.0 t/a。

整个东平湖区面源入河量中所产生的化学需氧量面源入河量为 771.0 t/a，氨氮面源入河量为 14.6 t/a，总氮面源入河量为 196.6 t/a，总磷面源入河量为 148.5 t/a。面源入河量中分散式畜禽养殖产生的化学需氧量、总氮、总磷均为最高值，城镇地表径流氨氮为最高值。

由农村生活产生的化学需氧量面源产生量为 36.3 t/a，氨氮面源产生量为 2.3 t/a，总氮面源产生量为 4.6 t/a，总磷面源产生量为 0.9 t/a；由农村生活产生的化学需氧量面源入河量为 5.4 t/a，氨氮面源入河量为 0.3 t/a，总氮面源入河量为 0.7 t/a，总磷面源入河量为 0.1 t/a；

由农田肥料好农药产生的化学需氧量面源产生量为 218 t/a，氨氮面源产生量为 17.4 t/a，总氮面源产生量为 174.4 t/a，总磷面源产生量为 130.8 t/a；由农田面源的化学需氧量面源入河量为 43.6 t/a，氨氮面源入河量为 3.5 t/a，总氮面源入河量为 34.9 t/a，总磷面源入河量为 26.2 t/a；

由分散式畜禽养殖产生的化学需氧量面源产生量为 3 111.4 t/a，氨氮面源产生量为 21.7 t/a，总氮面源产生量为 826.6 t/a，总磷面源产生量为 623.0 t/a；由分散式畜禽养殖的化学需氧量面源入河量为 560.0 t/a，氨氮面源入河量为 3.9 t/a，总氮面源入河量为 148.8 t/a，总磷面源入河量为 112.1 t/a；

由城镇地表径流产生的化学需氧量面源产生量为 766.52 t/a，氨氮面源产生量为

84.0 t/a,总氮面源产生量为 60.2 t/a,总磷面源产生量为 49.4 t/a;由城镇地表径流产生的化学需氧量面源入河量为 153.3 t/a,氨氮面源入河量为 6.8 t/a,总氮面源入河量为 12.0 t/a,总磷面源入河量为 9.9 t/a;

由水土流失产生的化学需氧量面源产生量为 43.2 t/a,氨氮面源产生量为 0.06 t/a,总氮面源产生量为 0.29 t/a,总磷面源产生量为 0.26 t/a;由水土流失产生的化学需氧量面源入河量为 8.6 t/a,氨氮面源入河量为 0.03 t/a,总氮面源入河量为 0.14 t/a,总磷面源入河量为 0.13 t/a。

10.1.3 点面源污染物入河量贡献率

对于开展了面源污染物入河量调查的地区,应统计主要污染物入河总量,并按照下列公式计算点面源污染物入河量贡献率。将结果填入表 10.5。

入河污染物总量=点源污染物入河量+面源污染物入河量

点污染源贡献率(%)=点源污染物入河量/入河污染物总量

面污染源贡献率(%)=面源污染物入河量/入河污染物总量

10.2 水生态调查分析

(1) 第三次水生态调查分析主要包括河流水生态调查、湖泊湿地水生态调查,以及地下水超采状况调查等内容。

(2) 河流水生态调查通过分析河道内径流情势变化、河道断流情况、河流生态敏感区分布,以及河流水域岸线侵占等情况,分析河流水生态状况及其变化原因。

(3) 湖泊、湿地水生态调查,通过分析湖泊水位水量和面积变化、干涸情况,以及湖泊水域岸线侵占等情况,分析湖泊水生态状况及其变化原因。通过分析湿地面积变化、萎缩情况,分析湿地水生态状况及其变化原因。

(4) 地下水超采状况调查根据近年来地下水开发利用以及地下水水位等资料,对地下水超采区的范围、面积、超采量等进行复核,并调查分析地下水超采引发的生态环境问题。

(5) 水生态调查分析应充分利用第一次水利普查、第二次水资源综合规划、第二次湿地资源调查、流域综合规划、江河流域水量分配方案、地下水超采区分析等已有成果资料。对于资料缺乏的,可通过历史资料调查、实地走访等手段补充资料;有条件的地区可通过实地或无人机测量、航片卫片解析等手段获取资料。

表 10.5　泰安市流域点源与面源贡献率统计表

序号	湖库名称	所在流域	点污染源入河量(t/a)				面污染源入河量(t/a)				入河污染源总量(t/a)				点污染源贡献率(%)				面污染源贡献率(%)			
			化学需氧量	氨氮	总氮	总磷	化学需氧量	氨氮	总氮	总磷	化学需氧量	氨氮	总氮	总磷	化学需氧量	氨氮	总氮	总磷	化学需氧量	氨氮	总氮	总磷
1	东平湖	黄河	0	0	0	0	771.03	14.565	196.56	148.47	771.03	14.565	196.56	148.47	0	0	0	0	100	100	100	100
2	大河水库	黄河	0	0	0	0	188.47	9.362 7	38.275	29.043	188.47	9.362 7	38.275	29.043	0	0	0	0	100	100	100	100
3	黄前水库	黄河	0	0	0	0	191.07	18.463	68.38	58.446	191.07	18.463	68.38	58.446	0	0	0	0	100	100	100	100
4	金斗水库	黄河	0	0	0	0	154.92	8.011 3	40.738	29.769	154.92	8.011 3	40.738	29.769	0	0	0	0	100	100	100	100
5	东周水库	黄河	0	0	0	0	115.6	5.348 6	27.254	18.71	115.6	5.348 6	27.254	18.71	0	0	0	0	100	100	100	100
6	光明水库	黄河	0	0	0	0	529.8	30.05	140.8	108.5	529.8	30.05	140.8	108.5	0	0	0	0	100	100	100	100

10.2.1 河流水生态调查分析

(1) 河道内径流情势变化分析。选择流域面积 1 000 km^2 及以上，且河流上有本次分析径流还原站点的河流，分析代表站 1956—2016 年河道内实测径流量在全年、汛期和非汛期的变化情况，并与其历史天然径流量和近期下垫面条件下的天然径流量进行比较，分析导致河道内径流情势变化的原因。

河流代表站原则上应分别选择上、中、下游代表水文站。对于水文站数量少于 3 个的河流，尽可能选下游站。上、中游代表站点应尽量选择市界断面；下游代表站应选择把口站或入海控制站。对于河口或入海口附近无水文站的河流，根据相关规范的规定，推算其入海（或入下一级河流）水量。河流代表站应与地表水资源量调查分析站点相衔接。

(2) 河道断流（干涸）情况调查。对流域面积 1 000 km^2 及以上河流，调查分析 1980 年以来河道断流（干涸）情况。调查内容包括断流（干涸）年份、最长断流（干涸）长度、最大断流（干涸）天数等。季节性河流的天然断流期和冰冻河流的冰冻季不纳入统计时段。

(3) 河流生态敏感区调查。重点是大汶河流域，调查其流域范围内生态敏感区，调查内容包括生态敏感区类型和生态敏感区河段长度。

生态敏感区类型主要包括国家级、省级主体功能区规划中确定的“禁止开发区”内的河流（河段）；全国重要江河湖泊水功能区划中确定的“保护区”和“饮用水源区”涉及的河段；国际和国家重要湿地、省级以上湿地公园、水产种质资源保护区内的河流（河段）；已划定岸线功能区中的“岸线保护区”涉及的河段，以及其他具有重要水生态功能，或对维持河势稳定、维护湖泊形态稳定至关重要，应禁止开发利用的河流（河段）等。

(4) 河流水域岸线侵占情况调查。根据历史资料、历次全国湿地资源调查及必要的补充调查等成果，提出各重点流域、行政区和水资源分区的河流水域岸线面积减少情况。针对开发利用程度较高的河流（河段），可根据资料情况，进一步明确导致河流水域岸线面积减少的侵占体类型、面积等相关信息。

泰安市河流干涸情况见表 10.6。柴汶河有 13 年出现断流，最长断流长度达83 km，出现在 2003 年；最长连续断流时间为 300 天，出现在 2002 年 9 月 4 日至 2003 年 7 月 8 日。汇河有 16 年出现断流，最长断流长度达 90 km，出现在 1989 年；最长连续断流时间为 172 天，出现在 1989 年。大汶河有 19 年出现断流，最长断流长度达 200 km，出现在 1989 年；最长连续断流时间为 630 天，出现在 1988 年 9 月 28 日至 1990 年 6 月 19 日。

泰安市主要河流生态敏感区和水域岸线被侵占情况见表 10.7，大汶河流域水域岸线围垦和建筑物侵占总面积 48.35 km^2，生态敏感区河段总长度为 285.4 km，生态敏感区来源于大汶河岸线保护区（重点河流岸线利用规划），柴汶河、石汶河饮用水源地保护区（山东省水功能区划）。

泰安市河湖湿地水域岸线侵占情况见表 10.8，三级分区中，其中花园口以下干流区间及湖东区无水域岸线侵占，大汶河区河流水域岸线侵占面积为 51.7 km^2，水库侵占面积为 22.81 km^2。

泰安市主要河流岸线开发利用情况见表 10.9，大汶河左岸总长度 95.47 km，开发利用总长度23.8 km，开发利用率25%；右岸总长度114.41 km，开发利用总长度29.64 km，开发利用率为26%。江心岛有两处，岸线总长度为17.04 km，目前均未开发利用。

表10.6 泰安市河流断流(干涸)情况

序号	河流名称	水资源三级区	水资源四级区	断流(干涸)年数(年)	最长断流(干涸)河段长度(km)	最长断流(干涸)河段长度发生年份	最大断流(干涸)天数(天)	最大断流(干涸)天数发生年份	备注
1	柴汶河	大汶河	大汶河区	13	83	2003	300	2002.9.4—2003.7.8	
2	汇河	大汶河	大汶河区	16	90	1989	172	1989	
3	大汶河	大汶河	大汶河区	19	200	1989	630	1988.9.28—1990.6.19	

表10.7 泰安市主要河流生态敏感区和水域岸线被侵占情况

序号	流域名称	水资源三级区	地级行政区	水域岸线侵占情况		涉及生态敏感区情况	
				侵占类别	总面积(km^2)	生态敏感区类型	生态敏感区河段总长度(km)
1	大汶河	大汶河	泰安市	围垦侵占、建筑物侵占	48.35	柴汶河、瀛汶河(泰安境内)、石汶河、泮汶河、汇河、漕浊河、大汶河岸线保护区(重点河流岸线利用规划)；柴汶河、石汶河饮用水源地保护区(山东省水功能区划)	285.4

表10.8 泰安市河湖湿地水域岸线侵占情况

序号	水资源三级区	地级行政区	水域岸线现状面积(km^2)				水域岸线侵占面积(km^2)				备注
			河流	湖泊	水库	湿地	河流	湖泊	水库	湿地	
1	大汶河区	泰安市	156	209	285.7	37.55	51.7	0	22.81	0	
2	花园口以下干流区间	泰安市	27.6	0	0	0	0	0	0	0	
3	湖东区	泰安市	5.3	0	7.59	0	0	0	0	0	

表10.9 泰安市主要河流岸线开发利用情况

序号	河流名称	水资源二级区	水资源三级区	地市行政区	岸线开发利用情况										备注
					左岸			右岸			江心岛				
					总长(km)	开发利用长度(km)	开发利用率(%)	总长(km)	开发利用长度(km)	开发利用率(%)	数量(个)	岸线总长(km)	开发利用长度(km)	开发利用率(%)	
1	大汶河			泰安市	95.47	23.8	25%	114.41	29.64	26%	2	17.04	0	0	

10.2.2 湖泊、湿地水生态调查

(1) 湖泊水位水量变化情况调查。调查常年水面面积10 km^2及以上湖泊，1980—2000年和2001—2016年两个时期多年平均的水位水量和出入湖水量变化情况。对未设置水位观测站的湖泊，可通过有关湿地资源调查成果、实地走访、航片卫片解析等方式，确定相应变化情况。

(2) 湖泊面积变化情况调查。调查常年水面面积10 km^2及以上湖泊，1980—2000年和2001—2016年两个时期的水面面积变化情况。重点调查水面面积明显萎缩的湖泊并分析其萎缩原因。

表 10.10 泰安市湖泊水生态演变情况

序号	湖泊名称	水资源三级区	地级行政区	入湖水量情况（万 m^3）		出湖水量情况（万 m^3）		湖泊水位变化（m）			湖泊水量变化（万 m^3）			湖泊面积变化（km^2）			变化原因	干涸情况	备注
				1980—2000 年	2001—2016 年	1980—2000 年	2001—2016 年	1980—2000 年	2001—2016 年	变化值	1980—2000 年	2001—2016 年	变化值	1980—2000 年	2001—2016 年	变化值			
1	东平湖	大汶河	泰安市	60 341	99 002	29 782	44 830	40.8	41.68	0.88	23 500	33 500	10 000	142.6	172.4	29.8	南水北调东线工程贯通后，东平湖水位有所保证	无	

(3) 湖泊干涸情况调查。调查常年水面面积 1 km^2 及以上湖泊,包括城市建设和围垦等活动导致干涸的湖泊,在 1980—2016 年的干涸情况,包括湖泊名称、干涸前面积、干涸时间或年代等情况;分析导致湖泊干涸的原因。

(4) 主要湿地变化情况调查。调查退化前常年面积 1 km^2 及以上的沼泽湿地、洪泛平原湿地、三角洲湿地等 3 种天然陆域湿地,在 1980—2016 年的萎缩情况,包括湿地名称、萎缩前面积、萎缩时间或年代等情况;分析导致湿地萎缩的主要原因。

东平湖入湖水量详见表 10.10,1980—2000 年为 60 341 万 m^3,2001—2016 年,入湖水量为 99 002 万 m^3;出湖水量 1980—2000 年为 29 782 万 m^3,2001—2016 年为 44 830 万 m^3;湖泊水位 1980—2000 年为 40.80 m,2001—2016 年为 41.68 m;湖泊水量变化 1980—2000 年为 23 500 万 m^3,2001—2016 年为 33 500 万 m^3;湖泊面积变化 1980—2000 年为 142.6 km^2,2001—2016 年为 172.4 km^2;由此可见,2001—2016 年较 1980—2000 年入湖水量和出湖水量均有所增加。湖泊水位自 2001—2016 年相对于 1980—2000 年上升 0.88 m,湖泊水量增加 10 000 万 m^3;湖泊面积变化 29.8 km^2。分析变化原因是南水北调东线工程贯通后,东平湖水位有所保证。

泰安市湿地水生态演变情况见表 10.11。我国湿地面积统计自 2001 年开始有统计数据,因此 2000 年前对湿地面积无记载,因此湿地的演变情况无法推断。泰安市有 2 个湿地公园符合调查要求,分别为东平湖和稻屯洼湿地公园,均属于湿地保护区。其中东平湖湿地 2001—2016 年湿地面积变化为 12.89 km^2,期间未出现干涸现象;稻屯洼湿地 2001—2016 年湿地面积变化为 24.66 km^2,期间未出现干涸现象。

表 10.11 泰安市湿地水生态演变情况

序号	湿地名称	湿地类型	水资源三级区	地级行政区	湿地面积变化(km^2)				变化原因	干涸年代	是否为湿地保护区	备注
					1956—1979 年	1980—2000 年	2001—2016 年	变化值				
1	东平湖湿地	沼泽湿地	大汶河	东平县			12.89			无	是	经与县林业局对接,只有当前数据,未有原来统计数据
2	稻屯洼湿地	沼泽湿地	大汶河	东平县			24.66			无	是	

10.2.3 地下水超采分析

所谓地下水超采是指在某一开采水平下,多年平均地下水开采量超过多年平均的地下水可开采量,从而造成地下水位持续下降、水质恶化及水源地产水量减少等现象。发生超采现象的区域称为地下水超采区。

(1) 超采区的划定依据

依据《地下水超采区评价导则》(SL 286—2003)2.1.1 条款,“地下水开采量超过可采量,造成地下水水位持续下降,或因开发利用地下水引发了环境地质灾害或生态环境恶化现象,是判定地下水超采和划定地下水超采区的依据”。

(2) 超采区面积的确定

2016 年漏斗中心在西疏乡义和庄,地下水年平均埋深为 14.39 m,经计算,2017 年 1 月

1日，宁阳县宁西平原超采区面积为94.37 km^2，与2016年1月1日比减少0.83 km^2，超采区面积范围详见图10-1。

（3）超采区分布

地下水超采是指在一定时期，地下水开采量超过地下水可开采量，造成地下水位持续下降，引发生态环境恶化或环境地质灾害的现象。根据2014年完成的山东省地下水超采区分析成果，宁阳县地下水超采主要是浅层孔隙水超采的一种类型，地处宁阳县西部冲积平原，西部属涝洼黑粘土地，pH值7～8之间，中东部为壤土，地下水丰富。超采区大部分为壤土，土层较厚，质地适中，有较好的保水、保肥、通气性能，适宜种植多种农作物，增产潜力大。

全县浅层孔隙水超采区分布在宁阳县西部冲积平原，涉及东疏、泗店、八仙桥、文庙4个乡镇、街道办事处，超采区的分布及基本情况见下表10.12。

表10.12　宁阳县浅层地下水超采区分布情况

县	乡镇、街道	行政村	行政村个数
宁阳县	东疏镇	东疏前村、东疏后村、马庙、小屯、老王庄、小王庄、王楼集、花园、刘家庙、王家庄、郑庄、沙窝、耿庄、孙村集、西河、范家庄、疏里、疏外、义和庄、郭家村、围子里、兴隆庄、庞庄、后张庄、前张庄、西张庄、寺头、刘家黄茂、朱家黄茂、吴家黄茂、陈家黄茂、好家黄茂、胡家黄茂、赵家黄茂、杜家黄茂、前学、后学	38
	泗店镇	前许家桥、后许家桥、铁佛寺、杨家村、石大盂、徐大盂、夏大盂、西大盂、前辛庄、后辛庄、牛家村、高家庄	12
	八仙桥街道办事处	西关社区、邢家庄社区、郭家临邑、徐马高临邑、庙东、庙西、周家临邑、王家临邑、张陈临邑、路家临邑、沙岭店、红庙、杨家集、任家村、青川中、青川寺、青川围子、大屯、李家楼、杨家庄、许家庄、李家庄、花石桥、吴家东和	24
	文庙街道办事处	东庄社区、南关社区、北关社区、连桥社区、泥家村、石桥、关王庙、小吴家村、廖家桥、巩家堂、杜家村、张家庄、象到庄、南满庄、北满庄、西满庄、北许家庄	17

（4）地下水超采量

根据《山东省地下水超采区分析》(2014)成果，地下水超采量为83.79万 m^3/a，超采区地下水主要用于农业灌溉。近年来随着宁阳县对超采区的综合治理，超采区的水位有所上升，地下水开采量逐渐减少，超采区面积逐步缩小。根据省市地下水压采总体方案的部署要求，结合宁阳县地下水超采现状、有关水利工程规划建设情况，以及国民经济和社会发展需求等，考虑到超采区治理的艰巨性和复杂性，提出阶段性治理目标：从2015年起，用5年左右的时间，到2020年，将现状浅层地下水超采量83.790万 m^3，全部压减，每年压采目标为16.76万 m^3，全县浅层地下水超采区基本消除，地下水生态得到明显改善，基本实现地下水采补平衡。超采量柱状图见图10-1。

（5）地下水超采引发的问题及危害

一是地下水位下降，含水层疏干，开采条件恶化。随着超采区地下水位的不断下降，使浅层地下含水层厚度相应减少，导致单井出水量减少，甚至使机井报废。同时还因地下水位降低导致耗油、耗电量增加，使抽水成本大幅度提高。

二是河道断流。由于超采地下水以及降水量减少、上游地表拦蓄量增加等原因，造成大部分地表河流干涸时段加长。

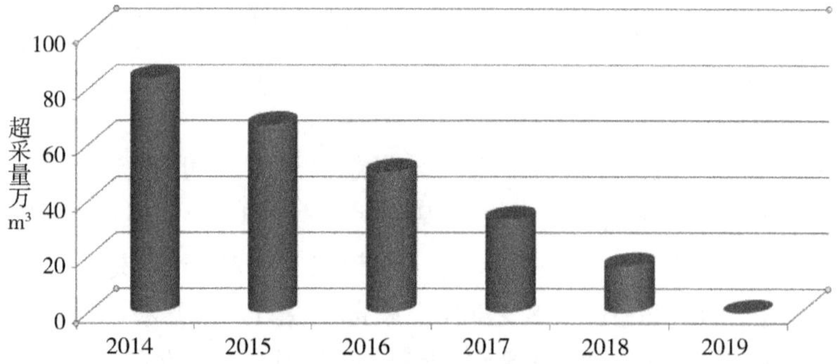

图 10-1　宁阳县超采量柱状图

另外，地下水超采还造成了湿地萎缩、湖泊干涸、地下水污染加剧等危害。

(6) 地下水超采区状况

根据《地下水超采区评价导则》(SL 286—2003)地下水超采区划定标准以及 2004 年浅层地下水超采区划分公布成果，泰安地区仅有宁西平原为超采区，本次仍以宁阳西部平原区为分析区，对地下水超采区状况进行分析。

超采区的划分方法有开采系数法和地下水动态分析法。根据实测的资料情况，本报告采用地下水动态分析法。采用本区域动态观测井 2002—2016 年共 15 年地下水动态监测资料，进行计算分析。

对区域内的地下水动态观测井，统计其 2002—2016 年的地下水埋深年变幅，然后求各井的地下水埋深下降速率(时段长为 15 年)，速率为正表示地下水呈下降趋势，速率为负表示地下水呈上升趋势。埋深计算结果见表 10.13，宁西平原典型井年平均埋深变化趋势情况详见图 10-2 和图 10-3。

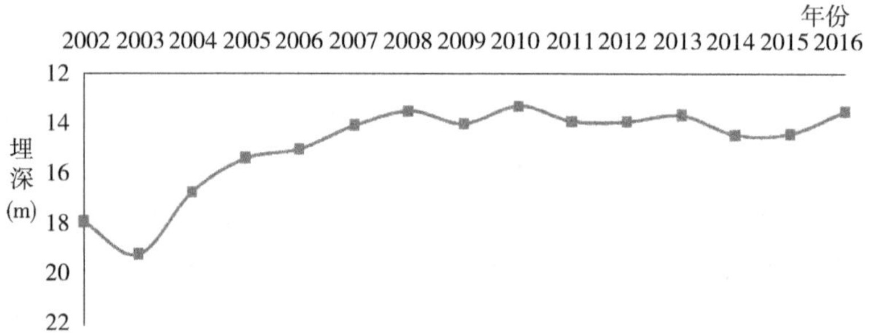

图 10-2　83 号典型井年平均埋深变化趋势图

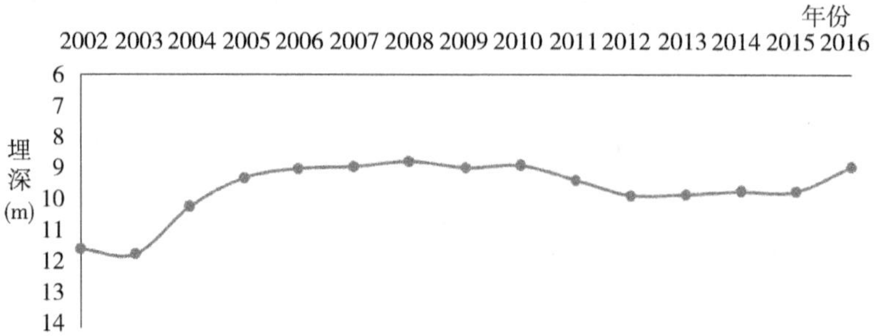

图 10-3　宁西平原地下水测井年平均埋深变化趋势图

表 10.13 宁阳县宁西平原测井年平均埋深情况变化表

井号	位置	年均埋深(m)															埋深年均变化速率(m/a)	是否呈持续下降趋势
		2002	2003	2004	2005	2006	2007	2008	2009	2010	2011	2012	2013	2014	2015	2016		
27	茅庄	3.80	2.50	2.10	2.70	2.80	2.90	2.80	3.00	3.00	2.70	3.56	3.96	4.57	4.65	4.29	0.04	是
76A	邢庄西	17.50	18.10	13.90	11.40	9.70	8.80	8.80	9.20	9.30	11.30	11.82	12.80	11.80	11.95	11.65	−0.33	否
80	大伯集	8.80	8.30	8.90	8.10	8.50	8.90	8.70	8.70	8.90	8.70	9.84	9.88	11.23	11.06	10.68	0.08	是
67	泗店	9.51	10.28	9.39	8.8	8.95	9.94	10.02	9.88	10.01	10.09	9.98	8.69	6.5	6.47	4.49	−0.33	否
83	义和庄	17.90	19.20	16.70	15.40	15.00	14.10	13.50	14.00	13.30	13.90	13.92	13.68	14.44	14.39	13.50	−0.10	否
平均		11.50	11.68	10.20	9.28	8.99	8.93	8.76	8.96	8.90	9.34	9.82	9.80	9.71	9.70	8.92	−0.17	否

通过2002—2016年的地下水埋深变化情况图表可知，宁西平原年平均埋深速率变化为负值，说明近15年来，水位总体没有呈现下降趋势；超采区面积与去年相比有所减少。在地下水超采地区，形成以地下水下降漏斗为中心的、呈放射状流向漏斗中心。

11

水资源综合分析

水资源综合分析是对区域和流域水循环特点、水资源禀赋条件、水资源演变情势、水生态环境状况、水资源开发利用状况及发展趋势等进行总括性分析和综合集成，并从不同方面、不同角度进行类比和综合，并进行定性和定量分析。

水资源综合分析重点在于通过本次水资源调查分析，对被分析对象所展示的总体特征以及新情况、新特点，进行简洁客观的描述，形成对被分析对象完整的认识和结论。

11.1 水资源禀赋条件分析

11.1.1 降水量分布特征

由于受地理位置、地形地貌、气流运动及天气系统等因素的影响，全市年降水量在地区上分布不均，年际年内变化较大，主要表现为如下几个特点：

(1) 降水量自东北向西南递减

同一纬度附近各地的多年平均降水量，受海洋水汽输送和本市东部多山区、西部多为平原的影响，呈自东南向西北递减趋势。

(2) 地形对降水的影响十分明显

本市的东北部为山区，西部为平原区，多年平均降水量等值线由东部山区向西部平原区递减，地形对气流的阻挡和抬升作用，使山地降水量多于平原。

(3) 降水量的年际差异大，呈周期性丰枯

本市属温带大陆性半湿润性季风气候区，降水受季风气候影响，年际差异大，丰、枯交替发生，并有连丰、连枯丰枯水年变化幅度大等特征。

(4) 降水量年内主要集中在汛期

本市降水量年内分配很不均匀，各季节降水量相差悬殊。年内降水量主要集中在汛期6—9月，各站6—9月降水量占年降水量的比值在69.3%～78.9%，汛期降水又主要集中在7—8月份，其他月份降水量很小。

11.1.2 蒸发量分布特征

本市多年平均水面蒸发量的变化范围在762.2～941.8 mm之间，地域分布上自东向西递增，且变化不大，北部山区蒸发量相对较小。东部的东周水库站1980—2016年多年平均

年水面蒸发量最大，为 941.8 mm；北部山区的黄前水库站最小，为 762.2 mm。

11.1.3 水资源分布特征

（1）年径流深的地区分布

本市河川径流主要是由降水补给，年径流深在地区分布趋势同降水量基本一致。但由于径流受下垫面的影响，所以年径流深地区分布的不均匀性比年降水量更大。其分布趋势从东部山丘区向西部平原区递减，新泰市多为山丘区，1956—2016 多年平均年径流深达 200～250 mm，而东平县为平原区，只有 50～100 mm。1956—2016 年径流变差系数 C_v 一般在 0.6～1.0 之间，其分布趋势从东部山丘区向西部平原区递增。

（2）径流量的年际变化大

径流量的年际变化要明显大于降水量的年际变化。本市径流量年际变化的特点是丰水年和枯水年径流量相差悬殊，极值比（最大年径流量与最小年径流量之比）较大。

（3）径流量的年内分配主要集中在汛期

本市径流量的年内变化比年降水量更大，径流量主要集中在汛期，枯水期径流量很小，甚至河川断流。汛期 6—9 月份径流量占年径流量的 70%～90%。最大月径流量一般出现在 8 月份。

（4）人类活动对水资源的变化影响显著

随着泰安市社会经济的不断发展，社会对水资源的需求越来越高，不可避免的对水资源产生一系列的影响。从近二十年来的变化情况看，各种人类活动对降水、地表水、地下水之间的转化规律、水量、水质等产生了明显影响，也产生了一些不良后果，如水质污染、地下水漏斗超采等现象发生。

11.2 水资源演变情势分析

11.2.1 降水量系列分析

从各分区及各行政区不同系列年降水量特征值对比表中可以看出，各区平均年降水量 1956—2016 年系列最大，其次为 1956—2000 年系列，1980—2016 年系列平均年降水量最小，且差别较大。各区 C_v 值随系列的变化无明显规律。

11.2.2 地表水水资源系列分析

从泰安市不同系列地表水资源量对比可以看出，1956—2016 年平均为 108 429 万 m^3，1956—2000 年平均为 108 124 万 m^3，1980—2016 年平均为 99 536 万 m^3。泰安市 1956—2016 年平均降水量为 695.3 mm，1956—2000 年平均降水量为 692.5 mm，1980—2016 年平均为 678.8 mm。地表水资源量与三个系列的降水量变化趋势基本相吻合，降水量仍然是地表水资源量起主要作用的主要因素。

11.2.3 地下水系列分析

(1) 局部地区产水量可能会增加

在上世纪末,泰安市部分地区由于水资源严重短缺,导致对地下水过度开采,形成了漏斗区及地下水超采区。这些漏斗区的形成,加大了包气带的厚度,增大了地表径流的损失,从而造成了地表径流量的减少。然而近些年来,特别是今后,随着地下水合理开发和利用措施的实施,以及客水资源的引入,这些漏斗区的地下水状况必将得到较大程度的恢复,从而改善当地产水条件,增加产水量。

(2) 下垫面条件变化的影响

降水量、地表径流量的大幅度减少使地下水补给量随之减少,地下水开采量相应增大,使下垫面条件发生了较大变化,降水入渗补给及潜水蒸发状况也发生了很大变化。多年试验研究表明,降水入渗补给有一个最佳埋深,因地而异,我省一般在 3.0～4.0 m 之间。浅于最佳埋深时,潜水蒸发强度加大,且一旦接受较大的降雨等补给,含水层和包气带容易蓄满形成地面积水,造成渍涝灾害;深于最佳埋深时,降水入渗补给量中的一部分在包气带中滞留形成土壤水,使地下水补给滞后的过程加长,甚至补给不了地下水。上世纪末,泰安市年地下水位下降超过了最佳埋深,降水入渗补给量相应减少。

地下水位下降对河道渗漏补给量、水库湖泊等渗漏补给量的影响也较为显著。一方面,地下水位下降有利于这几项补给量增加;另一方面由于降水偏枯系列地表径流量减少甚至河道长期断流、水库湖泊干涸,造成地下水补给源不足,使这几项补给量减少。平原区河道渗漏补给量及引河灌溉入渗补给量呈现减少趋势。部分地区地下水位下降幅度较大,往往改变地下水的径流条件和流向。

(3) 地下水开发利用水平和水利工程设施的影响

随着地下水开发利用水平的提高,局部地区地下水位大幅度下降,使地下水的补、排状况发生了很大变化。为避免地下水位持续下降,各地均采取了一定有效措施。一部分地区充分利用地表水和客水进行回灌补源,以有效地增加地下水补给量。一些有条件的地区还利用地下水库具有多年调节的优越性,因地制宜修建地下水库,以地下含水层进行调蓄。如宁阳县在洸府河冲积层分别修建了有坝地下水库,增加水资源可利用量。

(4) 地下水源污染造成的影响

因降水量、河川径流量的减少,降低了河道对污染后地表水的稀释作用和置换能力,使地面污水渗漏到地下,当污染程度超过了含水层、地层的降解能力时,便造成地下水源污染,从而造成水质性的资源量减少。

(5) 不透水面积增加造成的影响

随着城市化、工业化进程的加快,近 20 年来我市的不透水面积有所增加,不透水面积的增加减少降水的入渗补给。特别是在地处地下水补给径流区的岩溶山丘区,不透水面积的增加会导致岩溶地下水补给量明显减少。

11.2.4 未来地下水资源演变情势分析

(1) 创建节水型社会,实现用水零增长

水资源是有限的,而发展是无限的。创建节水型社会,实现用水的零增长或负增长,是经济、社会可持续发展必然的和现实的要求。农业是我市用水大户,用水量占70%以上,合理调整农业种植结构、大力发展节水型灌溉方式,减少农业灌溉用水量;征收农业水资源费,促进高效用水。提高工业用水重复利用率,降低用水定额,发展、引进高、新科技工艺设备,降低生产成本,把用水量降到最低限度。增强人们的节水意识,创建节水型社会。

(2) 加大治污力度,改善地下水质

地下水一旦被污染,治理的难度是相当大的。近年来我市的治污力度不断加大,采取了诸如关闭一些污染严重的小企业、加强污、废水治理等有力措施;丰水年丰沛的降雨形成的地表径流也稀释、置换了部分污水。但由于地表水污染状况还未得到彻底改变,因而地下水污染的彻底治理还需假以时日。地下水污染治理见效后,即可解决部分水质性缺水的问题。应本着"先治后用"的原则,搞好污水处理,以免造成引水越多、污染越重的不良后果。

总之,未来的地下水资源,通过开展节水、污水改造利用,将有效地改善水环境,缓解水资源供需矛盾,朝着有利于水资源向良性循环方向发展,支撑经济和社会持续健康发展。

11.3 水资源开发利用分析

2010—2016年全市平均总供水量为116 182万m^3。其中地表水占总供水量的34%;地下水占总供水量的60%;其他水源(污水回用)占总供水量的6%。

2010—2016年全市平均总用水量为116 182万m^3。其中农业用水量占总用水量的64%;工业用水量占总用水量的14%;生活用水量占总用水量的19%;人工生态与环境补水量占总用水量的3%。

2011年以来,泰安市总用水量总体呈下降趋势,近3年基本稳定。由2011年的130 399万m^3,下降到2016年的113 364万m^3。其中农业用水量由2010年的39 654万m^3,下降到2016年的19 518万m^3。

11.4 水生态环境状况分析

泰安市水功能区水质总体变化趋势中,高锰酸盐指数呈高度显著下降趋势,氨氮和总磷无明显升降趋势。

泰安地下水水质状况整体趋于稳定。

11.5 水资源及其开发利用状况综合评述

1. 水资源地区分布不均

泰安市降水量、径流量和水资源量各地区差别较大,分布不均匀。

全市 1956—2016 年平均降水量等值线总的分布趋势自东北向西南逐减。

全市 1956—2016 年平均径流深等值线总的分布与降水量基本一致,从东北向西南递减,但由于径流受下垫面的影响,使年径流分布的不均匀性比年降水量更大。全市各地多年平均径流深在 50～250 mm 之间,新泰市多为山丘区,1956—2016 多年平均年径流深达 200～250 mm,而东平县为平原区,只有 50～100 mm。

地下水资源的地区分布受地形、地貌、水文气象、水文地质条件及人类活动等多种因素影响,各地差别很大。总体是平原大于山丘区,山前平原大于黄泛平原,岩溶山区大于一般山丘区。全市多年平均地下水资源模数为 11.4 万 m^3/km^2,其中,大汶河山丘区可开采模数为 7.1 万 m^3/km^2,湖东区平原区可开采模数为 12.1 万 m^3/km^2,湖东区山丘区可开采模数为 7.8 万 m^3/km^2。

2. 水资源年际年内变化剧烈

泰安市各地降水量、水资源量的年际变化幅度很大,存在着明显的丰、枯水年交替出现现象,连续丰水年和连续枯水年的出现也十分明显。从连丰期和连枯期的统计分析还可以看出,1956—1964 年为丰水期,其中丰水年有 6 年,枯水年只有 2 年;1965—2002 年为枯水期,其中丰水年只有 11 年,枯水年有 16 年;2003—2011 年为丰水期,其中丰水年有 5 年,其余均为平水年。

水资源的年内分配具有明显的季节性。全年的降水量约有 3/4 集中在汛期;全年的天然径流量 70%～80%集中在汛期,特别是 7、8 月份又占汛期径流量的 60%～70%。泰安市水资源年际年内变化剧烈这一特点,是造成泰安市洪涝、干旱等自然灾害频繁的根本原因,同时也给水资源开发利用带来很大困难。

3. 供用水结构

2010—2016 年全市平均总供水量为 116 182 万 m^3。其中地表水占总供水量的 34%;地下水占总供水量的 60%;其他水源(污水回用)占总供水量的 6%。

2010—2016 年全市平均总用水量为 116 182 万 m^3。其中农业用水量占总用水量的 64%;工业用水量占总用水量的 14%;生活用水量占总用水量的 19%;人工生态与环境补水量占总用水量的 3%。

2010 年以来,泰安市总用水量总体呈下降,近 3 年基本稳定。

4. 水资源开发利用效率和水平

现状年 2016 年泰安市用水量及经济社会指标分析,现状年全市用水总量 113 364 万 m^3,GDP 为 3 638 亿元,则万元 GDP 用水量为 31.2 m^3/万元,小于《山东省节水型社会建设技术指标》中节水型社会控制指标 40 m^3/万元。根据 2010—2016 年近 7 年的数据分析,万元 GDP 用水量在逐年减少,由 2010 年的 61.8 m^3/万元下降为 31.2 m^3/万元。

现状年泰安市工业用水量为 22 435 万 m^3，工业增加值为 1 745 亿元，万元工业增加值取水量为 12.9 m^3/万元，略高于山东省节水型社会控制指标 10 m^3/万元的要求。根据 2010—2016 年近 7 年的数据分析，万元工业增加值取水量在逐年缓慢减少，由 2010 年的 16.3 m^3/万元下降为 12.9 m^3/万元。

现状年农业灌溉用水量为 19 518 万 m^3，灌溉亩均用水量 112.2 m^3/亩，小于《山东省节水型社会建设技术指标》中节水型社会控制指标 160 m^3/亩。根据 2010—2016 年近 7 年的数据分析，灌溉亩均用水量在 104～154 m^3/亩之间，均符合中节水型社会控制指标的要求。

现状年泰安市城镇人均用水定额为 98.3 L/人・d，城镇公共用水定额 56.6 L/人・d，城镇生活综合用水定额为 154.9 L/人・d，略高于《山东省节约型社会建设技术指标》城镇生活综合用水定额 120 L/人・d 的标准。根据 2010—2016 年近 7 年的数据分析，生活综合用水定额在 133～168 L/人・d 之间。

现状年泰安市农村居民生活用水定额 93.7 L/人・天，高于《山东省节约型社会建设技术指标》农村居民生活用水定额 60 L/人・天的标准，随着农村居民生活水平的提高，农村居民生活用水定额也在增加。根据 2010—2016 年近 7 年的数据分析，农村生活综合用水定额在 76～98 L/人・d 之间。

大、小牲畜用水定额分别为 38L/头・天、12.7L/头・天，符合《山东省节约型社会建设技术指标》大、小牲畜用水定额 40 L/头・天、20 L/头・天的标准。

12

问题及建议

12.1 存在的问题

12.1.1 本次分析依据资料问题

1. 枯季径流资料精度问题

枯季径流很难准确施测，导致枯季径流资料精度受到一定影响。

2. 水量调查资料精度问题

水量调查资料包括灌溉引水量、流域拦蓄水量等，受监测条件限制，很多水量凭经验估算，受人为因素影响较大。

3. 地表水单站径流还原精度问题

单站径流还原项较多，部分还原项受条件限制难以实测只能估算，成果精度受工作人员的经验及对计算流域的熟知程度影响。

4. 水资源开发利用量成果精度问题

受监测条件及技术手段限制，用水量统计数据受人为因素影响，可能与实际用水量存在一定差异。会一定程度影响水资源量的分析精度及开发利用方面的分析结论。

12.1.2 水资源总量不足及时空分布不均加大了开发利用难度

1. 当地水资源总量不足，水资源与人口、耕地资源失衡

全市多年平均(1956—2016 年系列)水资源总量为 16.018 2 亿 m^3，人均水资源量是 282 m^3。按 2016 年末全市耕地面积计算，亩均水资源量为 305 m^3。

泰安市当地水资源总量不足，人均、亩均水资源占有量偏低，水少人多地多，水资源与人口和耕地资源匹配严重失衡，这是造成水资源供需矛盾十分突出的主要原因。因此水资源在泰安市是极为珍贵的自然资源，合理开发利用、有效保护和节约使用水资源，解决好我市水资源供需矛盾问题，对于国民经济和社会的可持续发展具有十分重要的意义。

2. 水资源地区分布十分不均

泰安市降水量、径流量和水资源量各地区差别较大，分布不均匀。全市降水量总的分布趋势自东北向西南逐减。径流深总的分布与降水量基本一致，从东北向西南递减，但由于径流受下垫面的影响，使年径流分布的不均匀性比年降水量更大。地下水资源保有量的

地区分布受地形、地貌、水文气象、水文地质条件及人类活动等多种因素影响，各地差别很大，总体是平原大于山丘区，山前平原大于黄泛平原，岩溶山区大于一般山丘区。

3. 水资源年际年内变化剧烈，开发利用难度较大

泰安市各地降水量、水资源量的年际变化幅度很大，存在着明显的丰、枯水年交替出现现象，连续丰水年和连续枯水年的出现也十分明显。连丰、连枯以连续 2 年出现的最多，其次为连续 3 年的，最长的连丰期是 4 年，最长的连枯期为 4 年。水资源的年内分配具有明显的季节性。全年的降水量约有 3/4 集中在汛期；全年的天然径流量 70%～80%集中在汛期，特别是 7、8 月份又占汛期径流量的 60%～70%。泰安市水资源年际年内变化剧烈这一特点，是造成泰安市洪涝、干旱等自然灾害频繁的根本原因，同时也给水资源开发利用带来很大困难。

12.2 建议

1. 做好水资源调查分析基础性工作

基本资料是分析计算和分析的基础，它的可靠性和完整性将直接影响成果的精度。在河川径流还原计算时，采用的实灌面积、灌溉定额、渠系利用系数等基本资料，因资料不足或者来源不同，部分地区还原项目不全，致使枯水年的还原水量偏小很多。缺乏历年变化及逐月分配，给分析计算带来困难。虽然在工作中注意了合理性分析，但限于资料条件对部分地区的还原水量的精度难于作出定量的评述。显然，重视基本资料的积累和核实，是保证地表水资源分析成果质量的重要环节。

(1) 提高水文测验精度。加大水文测验现代化投入，探索更加合理的枯水期测流方法，提高水文测验精度。

(2) 加强水量调查工作。加大水量调查工作经费投入，加强用水量及拦蓄水量实测，保证水量调查的多渠道和全信息。

(3) 做好径流还原成果合理性分析工作。及时对不同途径的调查资料和水量还原成果进行综合性合理分析，做好与已有成果的对照，包括前两次水资源调查分析、近年来开展的综合规划、专项规划等已有成果的对照，做到去伪存真，合理采用，切实保证径流还原成果的合理性。

(4) 做好水资源开发利用量成果的合理性审查分析工作。要确保资料的真实性、准确性和客观性，认真研究、充分比对，既要尊重已有调查成果，又要客观真实反映人类社会活动的足迹和产生的影响。

(5) 继续加大和完善水资源分析工作。水资源分析是水资源综合规划的基础，为达到泰安市水资源可持续利用的目标提供充分的科学依据，因此，需要明确泰安地区水资源的数量、质量时空分布规律，研究降水、蒸发和径流之间的平衡规律，探讨降水、地表水、土壤水和地下水四者之间的转化关系，分析水资源的演变情势等，并对泰安市水资源进行整体性的分析。

(6) 加强河道与地下水补排关系的分析研究。我市内河流众多，地表水体与地下水有

补、排转化关系。随着降水、来水、下垫面条件不断变化，这种转化关系也相应地发生了变化，今后应加强地表水体与地下水转化关系的研究，同时加强有关河流对两岸地下水侧渗补给关系的分析研究。

(7) 在全市范围内大规模开展供水水源地勘察。城市、工业供水水源是支持经济、社会持续发展的重要物质基础。我市许多水源地所在地区，迄今尚未经过详细的供水水源地勘察论证。因此，开展全市重点水源地详勘，搞清诸水源地的可采资源量和供水能力，是摆在当前和今后一个时期的重要任务。

(8) 进一步加强水文地质参数的研究。水文地质参数受多种因素的影响，对各种参数的变化机制还没有彻底搞清。尽管我市在这次地下水资源分析中力求在降水入渗补给系数分析方面有所突破，也下了很大功夫，分析了不同岩性、不同埋深、不同降水量的 α 值，但是也还不够。今后应加强大埋深条件下的 α 值的变化规律研究，节水灌溉、下垫面条件发生大的变化条件下灌溉入渗补给系数的分析等，以进一步提高地下水资源分析的精度。

2. 加快水文站网和地下水监测站网的调整和建设

水文站网所搜集的水文资料是水资源分析和管理运用的基本依据。随着地区经济发展水平的提高，收集资料的目的和对资料的需求也相应有所变化，既要为地区内水资源分析提供资料，又要满足水资源开发利用和促进地区经济发展的需要。因此，站网的调整和增加，并对它的效果进行定期的检验是极其重要的。

目前，泰安市有些地区不同程度地受到水利工程和人类活动的影响，水文情势复杂。现有的水文站网既不能满足以掌握天然水量的变化，也无法搞清水资源控制利用的定量情况，致使相当测站的常规观测资料难以直接分析应用，不能起到预期的作用。因此，不仅需要增补测站，提高观测精度，逐步消灭上、下游水量不平衡的状态，同时也急需研究人类活动影响下的设站原则和搜集资料的新途径，在站网结构上，除基本水文站外还应逐渐增设一些基本水管站(服务于水资源利用的水文站)。在测验项目上亦应逐步填平补齐，进行配套，除观测河道断面基本水文要素外，尚须从水量平衡需要出发，对工农业引用水量、退水量、分水和串水等进行监测。另外，山丘区站点尚嫌稀少，难以掌握水文要素随地形变化的规律，应有选择地适当布置垂直分布观测点。水面蒸发站，应改善观测场地，并使观测仪器和方法规范化，提高资料的精度和代表性；为了充分利用以往其他型号蒸发皿和气象部门的资料，应根据气候和地形，有计划地在面上建立一个同步对比观测网络，积累资料，以提高水面蒸发折算系数的精度。目前泥沙站网更显不足，由于水岸、闸坝的陆续兴建，现有站网的资料很难反映流域面上的自然情况，需要增加和调整站网，同时加强入库和出库泥沙的同步对比观测。在平原区以地下水为水源地、超采区等特殊类型区，有的地区地下水监测站尚属空白，急待设站监测，除此而外，还可以在不同地貌类型、不同地下水埋深和不同工农业用水的地区，设立代表站，从水量平衡、总资源计算的角度，设置必要的观测项目，如土壤蒸发和土壤水的观测，以便搜集和控制更大范围的水文水资源信息。只有加强水文站网的调整和建设，大力加强水文测验的科学研究，提高资料的精度，最大限度地发挥水文资料的效益，才能更好地为水资源开发利用服务。

3. 加强水文水资源的实验研究

在分析过程中，一些计算方法的采用和参数的确定还处于探索阶段。径流的还原计算、平原水网地区径流量的估算、地表水资源可利用量的估算、重要的水文地质参数确定等，其中一些环节的处理仅仅是近似的。特别在一些资料短缺或无资料地区，复杂的水文情势和频繁的人类活动的综合影响，给水资源分析带来的困难十分突出。随着区域经济社会的发展和科学技术的进步，水资源的研究内容已不仅仅限于自然界的循环、平衡和变化，它越来越具有自然科学、技术科学和社会科学的综合性，需要比过去传统水文学所提供的概念和方法更加开阔的思路。因此，积极而有计划地选择实验流域或小区，建立地表水、地下水协调一致的试验研究站网，加强水文循环过程中各要素的直接观测，在不同类型地区开展土壤水、蒸发(包括土壤蒸散发、潜水蒸发等)的观测，并辅以适当的室内试验，更要在观测手段、资料数据处理、先进技术应用等方面进行尝试，用新手段、新方法研究各水文要素和观测区域自然地理因素间的定量关系和不同开发利用水平下各平衡要素的机制。

4. 加强领导与统一规划，采取有效措施实施全市水资源的合理配置

为实现全市水资源的可持续利用支撑和保障经济社会的可持续发展，建设和谐社会，必需加强领导，规划统筹。各级政府要真正从全局的、战略的高度重视、研究水资源问题，各级领导要增强责任心，把水资源列为常抓常议的重要议题。各地在制定国民经济和社会发展计划时，要按照全市经济发展的战略部署，切实把水资源的可持续利用放在重要位置，统筹规划，优化配置，并采取有力措施，保证规划的实施。应在水资源综合规划的基础上，逐步着手编制其他涉水相关规划，如城镇供水规划、与水有关的生态保护规划、农村供水与卫生规划、城市生态水系建设规划等。

针对泰安市水资源具有总量不足、时空分布不均、全社会用水量较大、供需矛盾突出、资源性缺水明显、水源较多且配置难度大的特点，应采取切实有效的措施实现全市水资源的合理配置。相关部门应切实加强管理，采取有效措施，改善地表水水质状况，提高地表水水功能区达标率；加大地下水水质监测的力度，特别是地下水超采区的监测力度。

水资源合理配置体现在取水和用水两方面。取水即对当地地表水、地下水、黄河水、长江水、非常规水等各类水源从全社会的角度综合考虑，该取什么水，取多少水；用水即根据生活、生产、生态等不同用水需求，区别对待，保证重点，在利用上从质和量两方面实现合理配置。结合泰安市水资源的实际情况，应努力拦蓄地表水，合理开采地下水，用好黄河水和长江水，加大污水处理回用，深度开发雨洪水，根据不同地区、不同用水户的用水特点，结合当地的水源条件，在不同水文年份研究制定相应的水资源合理配置措施。如在地下水已超采并出现漏斗的地区严禁超采地下水，并应有计划的回补地下水。经济承受能力较强的在南水北调供水区内的工业及城市生活用水尽量利用长江水，当地水和黄河水主要用于农业，把目前被挤占的农业和生态用水还给农业和生态；采取分质供水措施，把较优质的水供给居民饮用和对水质要求较高的工业用，再生水回用于对水质要求不高的工业冷却、除尘、市政杂用、农业灌溉等。

5. 树立水资源“以需定供、以水定产”的观念，建立并完善适水性产业结构

泰安市总体上属于资源性缺水地区，因此，各级政府、各部门、各行业应切实树立起水

资源“以需定供、以水定产”的观念，根据不同地区的水资源条件，明确当地的水资源与水环境承载能力，进行认真严谨的水资源论证工作，建立并完善适水性产业结构。

6. 制定初始水权分配制度，建立和完善水市场制度

在水资源综合规划的基础上，采用科学分析、民主协商、行政裁决等程序，有计划地按流域进行初始水权分配方案编制，制定水量调度方案，对初始水权分配方案进行确认，并建立初始水权分配方案实施保障体系。研究制定大汶河、南四湖等河流、湖泊的定额指标分配方法和方案，进行水权分配；积极开展水权转让的理论研究和实践，建立水权转让制度，规范水权转让行为，研究水权转让的价格形成机制；进一步完善水资源有偿使用制度，建立利用市场手段和政府宏观调控的水市场。

7. 增加节水投入，搞好节水工作，建设节水型社会

积极响应习总书记提出的“节水优先、空间均衡、系统治理、两手发力”十六字治水方针，做好节水工作。要搞好节水必须加大投入，首先应加强用水结构的调整，抑制高耗水、高污染的项目建设，大力发展少用水甚至不用水的项目；其次应推广使用节水的生产工艺，采用节水设备和节水器具，根据不同工艺对水质要求不同的特点，采用分质供水，加大非常规水源的使用量，从而节约优质淡水；最后应增加用水重复利用率，提高水分生产率，使有限的水资源产生更大的经济社会效益。

8. 减污治污，加强水资源保护

改善泰安市地表水污染严重的现状，关键在于解决排污量高而纳污能力低的问题。最直接的办法是减少排污量和提升水体纳污能力，以达到排污与纳污能力平衡，甚至排污小于纳污能力。具体的措施与建议可归纳为以下五点：一是调整产业结构，提高第三产业的比例，增加高新技术产值的贡献率，限制高耗水、高污染行业的发展，大幅度提高用水效率，降低工业污水的排放量。二是强调节约用水和科学用水，加强需水管理，提高用水效率，创建节水型社会。三是加快城市污水处理设施建设的步伐，加强和完善污水处理配套管网系统，提高城市污水处理率和污水再生利用率，减少污染物最终排放量。四是通过水资源优化配置，以及截污导流、排污口综合整治等措施，科学配置和高效利用有限的水体纳污能力。五是以泰安市水功能区划分为水资源保护与管理的平台，履行水法赋予的职能，科学合理地管理好水体的纳污能力。

9. 建立人与自然相互和谐的生态水利体系

生态水利是人类发展进入更高阶段赋予水利的新使命，是在工程水利、资源水利、环境水利等基础上发展起来的，内容更全面，更符合客观自然规律，更能体现人与自然和谐的一种新型水利发展模式。生态水利要求利用水利工程及其管理运行手段在为经济社会发展提供供水安全保障的同时，也要为生态环境的良性循环提供有效的保障。生态水利的建设是生态市建设的重要组成部分。只有不断拓宽生态水利的内涵，改变传统水利建设观念，加快进行生态水利建设，才能更好地提供人与自然和谐相处的环境，有效保障全市生态系统与经济社会系统的协调，夯实全面建设和谐社会的重要基础；只有建立了人水和谐的生态体系，才能真正实现泰安市“山—水—林—田—湖—草”六项生态要素良性循环，创造泰安美好未来。

参考文献

[1]山东省水资源分析技术细则，山东省水文局，2017年12月
[2]叶守泽．水文水利计算[M]．北京：中国水利水电出版社，1992
[3]方子云．水资源保护工作手册[M]．南京：河海大学出版社，1988
[4]叶秉如．水利计算及水资源规划[M]．北京：水利电力出版社，1995
[5]刘光文．水文分析与计算[M]．北京：水利电力出版社，1989
[6]金传良，郑连生．水质技术工作手册[M]．北京：能源出版社，1989